普通高等教育"十二五"规划教材

普通高等院校数学精品教材

概率论与数理统计

主　编　杨延飞

主　审　方承胜

编　委　胡　欣　何　剑　刘彩霞
　　　　王中艳　刘清国　蔡泽彬

U0271465

华中科技大学出版社

中国·武汉

内 容 提 要

本书由两大部分组成:第一部分是概率论的基础知识,包括概率的公理、概率分布、概率密度、随机变量函数的分布、大数定律与中心极限定理;第二部分是数理统计基础,包括样本概念、抽样分布、参数估计和假设检验.

本书强调概率统计方法的应用,尤其是在军事领域的运用,设置了一些有理论或实践意义的研讨专题.

本书可供普通高等学校工科和经管类专业使用,也可供相关领域的科研人员和工程技术人员参考.

图书在版编目(CIP)数据

概率论与数理统计/杨延飞主编. —武汉:华中科技大学出版社,2015.1
ISBN 978-7-5680-0626-2

Ⅰ.①概… Ⅱ.①杨… Ⅲ.①概率论-高等学校-教材 ②数理统计-高等学校-教材 Ⅳ.①O21

中国版本图书馆 CIP 数据核字(2015)第 022583 号

概率论与数理统计

杨延飞　主编

责任编辑:王汉江
封面设计:潘　群
责任校对:何　欢
责任监印:徐　露

出版发行:华中科技大学出版社(中国·武汉)　　　电话:(027)81321913
　　　　　武汉市东湖新技术开发区华工科技园　　　邮编:430223
录　　排:武汉市洪山区佳年华文印部
印　　刷:虎彩印艺股份有限公司
开　　本:710mm×1000mm　1/16
印　　张:11.75
字　　数:236 千字
版　　次:2017 年 7 月第 1 版第 3 次印刷
定　　价:29.80 元

前　言

概率论与数理统计是一门应用性很强的学科,是学习现代科学技术的重要理论基础.目前,概率论与数理统计的理论和方法几乎涉及所有工程技术领域,并在医药、农林、经济和社会保障等领域有广泛的应用.

为了适应新修订的人才培养方案,体现为战略预警体系培养人才的建院特色,适应现代大学数学教学改革的发展潮流,编者在分析雷达工程、指挥自动化、电子对抗等专业需求的基础上,结合多年教学实践,编写了《概率论与数理统计》教材.

本书主要特点如下:

1. 淡化理论推导,突出基础应用

概率论与数理统计作为一门独立的数学学科有其完整的理论体系,若追求数学体系的完整性,则与新人才培养方案相悖.在本教材的编写中,我们淡化了理论推导,不追求数学理论体系的完整性,而通过设置大量例题,尤其是具有军事背景的例题和专题,突出理论和方法的应用.

2. 增加研讨专题,体现军事特色

本教材在大部分章节的最后都设置了专门的研讨专题,针对一些能够用本章所学内容解决的、有趣的或有重要理论或实践意义的专题,进行讨论,使读者在理解本章理论方法的同时,了解该方法在相关领域的应用.

3. 融入数学实验,体现改革趋势

将数学建模和数学实验思想融入数学主干课教学,是大学数学课程建设的发展趋势和潮流,是数学教学信息化的内在要求.我们通过研讨专题,将专题用数学建模的方式加以讨论,并对某些专题给出了 Matlab 程序,使学员能够真正动手用所学理论方法解决实际问题.

本书共 7 章.第 1 章介绍基本的概率模型;第 2 章介绍一维随机变量及其分布,同时还包含数字特征;第 3 章介绍多维随机变量及其分布;第 4 章介绍极限定理;第 5 章介绍样本和抽样分布;第 6 章介绍参数估计基本内容;第 7 章介绍假设检验的基本框架和基于正态总体的假设检验基础.

本教材由杨延飞主编,方承胜主审.编写分工如下:杨延飞负责引言、第 1 章和第 4 章,胡欣负责第 2 章,何剑负责第 3 章,王中艳、刘清国负责第 5 章,刘彩霞负责第 6

章,王中艳、蔡泽彬负责第 7 章,全书由杨延飞负责统稿. 在编写的过程中,参考了国内外众多教材和书籍,借鉴和吸收了相关成果,在此表示感谢.

由于作者水平有限,书中有错误和不妥之处,敬请读者批评指正.

编　者

2015 年 1 月

目　　录

第二篇　数　理　统　计

第一篇

概率论

自然界和人类社会中观察到的现象大致可归为两类：一类是确定性现象，即在一定条件下必然发生的现象.例如，在标准大气压下，水加热到 100℃会沸腾；同种电荷相互排斥；在没有外力作用下作等速直线运动的物体必然继续作等速直线运动等.另一类是不确定性现象，例如，抛掷一枚硬币，要么正面朝上，要么反面朝上，但在抛掷之前无法肯定到底会出现哪种结果；同一门炮向同一个目标发射多枚同种类型的炮弹，因为受到炮弹制造误差、天气等无法准确把握的因素影响，在射击之前无法准确预测炮弹弹着点等.

　　为什么会存在这种不确定性呢？其实任何现象都是由完全确定的原因引起的，但由于世界的普遍联系，任何现象严格来讲都受到无穷多个因素的影响.以抛硬币为例，根据牛顿万有引力定律，任何物体与硬币之间都存在力的作用，所以月球的运动对抛硬币是有影响的；由于硬币运动中会受到空气阻力作用，因此风向、风速都会对抛硬币有影响；当然硬币抛掷的力度、方向更会对结果产生很大的影响等.将所有影响因素都纳入考虑范围，原则上是无法做到的.所以，研究这些现象时，人们只能在可以控制的范围内，找到影响现象状态的最基本的因素，也就是我们通常所说的"条件".剩下的大量的、时隐时现的、瞬息存在的、变化多端的、不可控制的因素，正是不确定性的源泉.从这个角度讲，不确定性是普遍存在的.

　　在不确定性现象中，我们称试验或观察的可能结果明确，只是具体哪个结果会发生却是不确定的现象为**随机现象**.当对随机现象只作个别观测时，可能看不出什么规律性，但是，当在同样条件下对随机现象进行大量重复观测时，就能发现某种明显的规律性.比如，投掷一枚均匀硬币，虽然投掷一次，看不出什么规律，但是当在相同的条件下投掷 200 次时，几乎可以肯定正面向上的次数大致在 100 次左右，大约占总投掷次数的二分之一，并且随着总投掷次数的增加，这种规律越来越明显.这种在相同条件下大量重复观测随机现象所得到的规律性，称为随机现象的**统计规律性**.

　　概率论与数理统计就是研究随机现象统计规律性的一门数学学科.概率论的特点是根据实际问题先提出数学模型，然后通过推理、演绎去研究其性质、特征和规律性；数理统计则以概率论为基础，利用对随机现象观测所得数据来研究其背后的数学模型.概率论与数理统计已经渗透到自然科学和社会科学的各个分支，并在农业、工业、交通、经济、管理、军事等领域都得到广泛的应用.

　　本篇主要介绍概率论的基本概念、基本理论和随机事件概率计算的基本方法.

第1章 随机事件及其概率

学习目标：通过本章学习，学员应理解随机试验、随机事件、样本空间的概念，掌握事件之间的关系和基本运算；了解概率的公理化的定义，掌握概率的基本性质，会运用其进行概率的计算；掌握概率的乘法公式、全概率公式，会用它们进行概率计算.

随机事件和随机事件的概率是概率论中两个基本概念.本章围绕随机事件及其概率，主要研究随机事件的关系和运算、概率的性质和计算、条件概率和独立性等基本问题.

1.1 随机事件

1.1.1 随机试验和样本空间

概率论通过随机试验来研究随机现象的统计规律性.这里所说的"试验"，是指在一定条件下对自然与社会现象进行的观察、测量或实验.随机试验满足以下三个条件：

（1）试验可以在相同的条件下多次重复；

（2）试验的所有可能结果都是明确的，且不唯一；

（3）试验前无法预测哪种结果会发生.

例 1.1.1 随机试验的例子.

（1）抛掷一枚硬币，观察面值面、国徽面出现的情况；

（2）掷一颗骰子，观察出现的点数；

（3）记录新浪网首页一小时内访问的次数；

（4）测试某种型号电子元件的使用寿命；

（5）测量某物理量（如长度、密度、质量等）的误差.

随机试验的所有可能的结果组成的集合称为该随机试验的**样本空间**，记为 Ω；样本空间的元素,即随机试验的每个可能的结果,称为**样本点**,记为 e. 研究随机现象首先必须明确随机试验的样本空间.

例 1.1.2　下面是例 1.1.1 中随机试验的样本空间.

(1) $\Omega_1 = \{H, T\}$,其中 H 表示面值面朝上,T 表示国徽面朝上;

(2) $\Omega_2 = \{\omega_1, \omega_2, \cdots, \omega_6\}$,其中 $\omega_i (i=1, 2, \cdots, 6)$ 表示出现 i 点,也可更直接明了地记此样本空间为 $\Omega_2 = \{1, 2, \cdots, 6\}$;

(3) $\Omega_3 = \{0, 1, 2, \cdots\}$;

(4) $\Omega_4 = \{t | t \geqslant 0\}$;

(5) $\Omega_5 = \{x | -\infty < x < +\infty\}$.

在上面的样本空间中,Ω_1 和 Ω_2 中的样本点是有限个,称其为有限样本空间;Ω_3、Ω_4 和 Ω_5 中的样本点是无限个,称其为无限样本空间. 与 Ω_4、Ω_5 相比,Ω_3 又有所不同,它含有可列个样本点. 我们将样本点的个数为有限个或可列个的情况归为一类,称为**离散样本空间**. 而将样本点的个数为不可列无限个的情况归为另一类,称为**连续样本空间**.

1.1.2　随机事件及其运算

由随机试验的样本点组成的集合称为**随机事件**,简称**事件**,常用大写字母 $A, B,$ $C\cdots$ 表示. 如在投掷一颗骰子的随机试验中,"出现偶数点"就是一个随机事件 $A = \{2, 4, 6\}$,它显然是样本空间 $\Omega = \{1, 2, \cdots, 6\}$ 的一个子集.

特别地,由一个样本点组成的单点集,称为**基本事件**;样本空间 Ω 本身所定义的事件,称**必然事件**,因为在每次试验中它总发生;空集 $\varnothing$ 所定义的事件,称为**不可能事件**,因为它不包含任何样本点,在每次试验中是必然不会发生的.

随机事件在一次试验中发生当且仅当该事件中所包含的的样本点在试验中出现.

下面举几个事件的例子.

例 1.1.3　在投掷一颗骰子的随机试验中,"出现 1 点"是该试验的一个基本事件,"不超过 6 点"是必然事件,而"超过 6 点"是一个不可能事件.

因为事件是集合,所以可以用集合的关系和运算来定义事件的关系和运算.

设随机试验的样本空间为 $\Omega, A, B, A_k(k=1, 2, \cdots)$ 是 Ω 的子集.

1. 包含关系

若属于 A 的样本点必定属于 B,则称事件 A **包含于** B,记为 $A \subset B$ 或 $B \supset A$. 用事件发生观点来描述就是:事件 A 发生必然导致事件 B 发生.

比如掷一颗骰子,事件 $A = \{$出现 2 点$\}$ 的发生必然导致事件 $B = \{$出现偶数点$\}$ 发生,因此 $A \subset B$.

2. 相等关系

若 $A \subset B$ 且 $B \subset A$,则 $A = B$,称事件 A 与事件 B **相等**,也就是事件 A 发生当且仅当事件 B 发生.

3. 互斥关系

若事件 A 与事件 B 没有相同的样本点,即 $A \cap B = \varnothing$,则称事件 A 与事件 B 为**互不相容的或互斥的**,这意味着这两个事件在一次试验中不能同时发生.

4. 和事件

事件 $A \cup B = \{e \mid e \in A$ 或 $e \in B\}$ 称为事件 A 和事件 B 的**和事件**,它是由事件 A 和事件 B 中所有的样本点(相同的只计入一次)组成的新事件. 用事件发生观点来描述就是:事件 $A \cup B$ 发生当且仅当事件 A 和事件 B 中至少有一个发生.

类似地,称 $\bigcup\limits_{k=1}^{n} A_k$ 为 n 个事件 $A_1, A_2, \cdots, A_n$ 的和事件,称 $\bigcup\limits_{k=1}^{\infty} A_k$ 为可列个事件 $A_1, A_2, A_3, \cdots$ 的和事件.

5. 积事件

事件 $A \cap B = \{e \mid e \in A$ 且 $e \in B\}$ 称为事件 A 和事件 B 的**积事件**,记 $A \cdot B$ 或 AB,它是由事件 A 和事件 B 的公共样本点组成的新事件. 用事件发生观点来描述就是:事件 $A \cap B$ 发生当且仅当事件 A 和事件 B 同时发生.

类似地,称 $\bigcap\limits_{k=1}^{n} A_k$ 为 n 个事件 $A_1, A_2, \cdots, A_n$ 的积事件,称 $\bigcap\limits_{k=1}^{\infty} A_k$ 为可列个事件 $A_1, A_2, A_3, \cdots$ 的积事件.

6. 差事件

事件 $A - B = \{e \mid e \in A, e \notin B\}$ 称为事件 A 和事件 B 的**差事件**,它是由在事件 A 中但不在事件 B 中的样本点组成的新事件. 用事件发生观点来描述就是:事件 $A - B$ 发生当且仅当事件 A 发生而事件 B 不发生.

7. 逆事件(对立事件)

事件 $\overline{A} = \{e \mid e \in \Omega, e \notin A\}$ 称为事件 A 的**逆事件(对立事件)**,它是由在 Ω 中但不在 A 中的样本点组成的新事件. 用事件发生观点来描述就是:事件 $\overline{A}$ 发生当且仅当事件 A 不发生.

由逆事件的定义容易得出:$A \cup \overline{A} = \Omega, A \cap \overline{A} = \varnothing$,并且逆事件是相互的,即 A 的逆事件为 $\overline{A}$,而 $\overline{A}$ 的逆事件又是 A,即 $\overline{\overline{A}} = A$.

关于事件间的关系及运算与集合间的关系及运算的类比,见表 1.1.

事件的运算遵从下面的基本定律. 设 A, B, C 均为事件,则:

$$\text{交换律} \quad A \cup B = B \cup A, A \cap B = B \cap A;$$

$$\text{结合律} \quad A \cup (B \cup C) = (A \cup B) \cup C,$$
$$A \cap (B \cap C) = (A \cap B) \cap C;$$

分配律 $A \cup (B \cap C) = (A \cup B) \cap (A \cup C)$,

$$A \cap (B \cup C) = (A \cap B) \cup (A \cap C);$$

德·摩根律 $\overline{A \cup B} = \overline{A} \cap \overline{B}, \overline{A \cap B} = \overline{A} \cup \overline{B}.$

表 1.1 事件与集合关系对照表

符 号	概 率 论	集 合 论
Ω	样本空间或必然事件	全集
$\varnothing$	不可能事件	空集
e	基本事件(样本点)	元素
A	事件 A	集合 A
$\overline{A}$	A 的对立事件	A 的余集
$A \subset B$	事件 A 发生导致事件 B 发生	A 是 B 的子集
$A = B$	事件 A 与事件 B 相等	A 与 B 相等
$A \cup B$	事件 A 与 B 至少有一个发生	A 与 B 的并集
$A \cap B$	事件 A 与 B 同时发生	A 与 B 的交集
$A - B$	事件 A 发生,而 B 不发生	A 与 B 的差集
$AB = \varnothing$	事件 A 和事件 B 互不相容	A 与 B 不相交

例 1.1.4 将下列事件用 A, B, C 表示出来:

(1) 只有 B 发生;

(2) 三个事件 A, B, C 中至少有一个发生;

(3) 三个事件 A, B, C 中至少有两个发生;

(4) 三个事件 A, B, C 中至多有一个事件发生;

(5) 三个事件 A, B, C 中至多有两个事件发生;

(6) 三个事件 A, B, C 中恰有一个发生;

(7) 三个事件 A, B, C 中恰有两个发生.

解 (1) $\overline{A}B\overline{C}$;

(2) $A \cup B \cup C = A\overline{B}\overline{C} \cup \overline{A}B\overline{C} \cup \overline{A}\overline{B}C \cup AB\overline{C} \cup A\overline{B}C \cup \overline{A}BC \cup ABC = \Omega - \overline{A}\overline{B}\overline{C}$;

(3) $AB\overline{C} \cup A\overline{B}C \cup \overline{A}BC \cup ABC$;

(4) $\overline{A}\overline{B}\overline{C} \cup A\overline{B}\overline{C} \cup \overline{A}B\overline{C} \cup \overline{A}\overline{B}C$;

(5) $\overline{A}\overline{B}\overline{C} \cup A\overline{B}\overline{C} \cup \overline{A}B\overline{C} \cup \overline{A}\overline{B}C \cup AB\overline{C} \cup A\overline{B}C \cup \overline{A}BC = \Omega - ABC$;

(6) $A\overline{B}\overline{C} \cup \overline{A}B\overline{C} \cup \overline{A}\overline{B}C$;

(7) $AB\overline{C} \cup A\overline{B}C \cup \overline{A}BC$.

例 1.1.5 从一批零件中任取两个, A 表示事件"第一个零件为合格品", B 表示事件"第二个零件为合格品",问 AB、$\overline{A}$、$\overline{AB}$、$\overline{A}\,\overline{B}$、$\overline{A \cup B}$ 分别表示什么事件.

解 (1) AB 表示事件"第一个、第二个零件都为合格品";

（2）$\overline{A}$ 表示事件"第一个零件不是合格品"；

（3）$\overline{AB}$ 表示事件"在第一个、第二个零件中至少有一个不是合格品"；

（4）$\overline{A}\,\overline{B}$ 表示事件"第一个、第二个都不是合格品"；

（5）因 $A\cup B$ 表示事件"第一个、第二个零件中至少有一个合格品"，所以 $\overline{A\cup B}$ 表示事件"两个零件都不是合格品".

1.2　概率的定义和性质

什么是概率? 简单而直观的说法是:描述随机事件发生可能性大小的数学概念. 为了理解这个概念,我们从下面两个层次展开说明.

首先,随机事件发生的可能性是有大小之分的. 比如,从袋中随机地摸出一个球, 如果袋中共有 9 个白球、1 个红球,那么直觉告诉我们:摸出白球的可能性大于摸出红球的可能性.

其次,好比长度、面积、体积一样,可能性也是可以被度量的. 比如,抛掷一枚均匀硬币,出现正面和出现反面的可能性是相等的,都是二分之一;投掷一颗均匀的骰子, 每个点数出现的可能性也是相等的,都是六分之一. 就像长度、面积、体积是物体的固有属性一样,概率也是随机事件的固有属性.

关于概率的严格定义,在概率论的发展历史上,曾出现过不同的形式:概率的频率定义、概率的古典定义、概率的几何定义和概率的主观定义.这些定义不但给出了对概率概念的界定,而且同时给出了确定概率的方法.但是,这些定义都只是适合某一类随机现象,并不适用于一切随机现象.1933 年,前苏联数学家柯尔莫哥洛夫 (Kolmogorov,1903—1987)提出了概率的公理化定义,这个定义既概括了历史上几种概率定义的共同特性,又避免了各自的局限性和含混之处,适用于一切随机现象. 概率的公理化定义一经提出就迅速获得举世公认,成为概率论发展的里程碑.

下面给出概率的公理化定义.

定义 1.2.1　设随机试验的样本空间为 Ω. 对该试验的每一事件 A 赋予一个实数,记为 $P(A)$. 如果集函数 $P(\cdot)$ 满足下列条件:

（1）**非负性**　对任一个事件 A,有 $P(A)\geqslant 0$；

（2）**规范性**　对必然事件 Ω,有 $P(\Omega)=1$；

（3）**可列可加性**　设 $A_1,A_2,\cdots$ 互斥,有

$$P\left(\bigcup_{k=1}^{\infty} A_k\right)=\sum_{k=1}^{\infty} P(A_k),\qquad(1.1)$$

则称 $P(A)$ 为事件 A 的**概率**.

由概率的公理化定义,可以推得概率的一些重要的性质.

性质 1 $P(\varnothing)=0$.

证 令 $A_n=\varnothing(n=1,2,\cdots)$,则

$$\bigcup_{n=1}^{\infty}A_n=\varnothing, \quad 且 \quad A_iA_j=\varnothing \quad (i\neq j;i,j=1,2,\cdots).$$

由概率的可列可加性可知

$$P(\varnothing)=P(\bigcup_{n=1}^{\infty}A_n)=\sum_{n=1}^{\infty}P(A_n)=\sum_{n=1}^{\infty}P(\varnothing),$$

而 $P(\varnothing)\geqslant 0$,从而 $P(\varnothing)=0$.

性质 2(有限可加性) 若有两两互不相容的事件 $A_1,A_2,\cdots,A_n$,则
$$P(A_1\bigcup A_2\bigcup\cdots\bigcup A_n)=P(A_1)+P(A_2)+\cdots+P(A_n).$$

证 令 $A_{n+1}=A_{n+2}=\cdots=\varnothing$,则 $A_iA_j=\varnothing \quad (i\neq j;i,j=1,2,\cdots).$
由式(1.1)(概率的可列可加性)知

$$P(A_1\bigcup A_2\bigcup\cdots\bigcup A_n)=P(\bigcup_{k=1}^{\infty}A_k)=\sum_{k=1}^{\infty}P(A_k)$$
$$=\sum_{k=1}^{n}P(A_k)+0$$
$$=P(A_1)+P(A_2)+\cdots+P(A_n).$$

性质 3(单调性) 设有两个事件 A,B,若 $A\subset B$,则 $P(A)\leqslant P(B)$.

证 由概率的性质 2 可得 $P(B)=P(A)+P(B-A)$.又由概率的非负性知
$$P(B-A)\geqslant 0, \quad 则 \quad P(B)\geqslant P(A).$$

由性质 3 容易推导出概率的下面两个性质.证明留给读者.

性质 4 设有两个事件 A,B,若 $A\subset B$,则 $P(B-A)=P(B)-P(A)$.

性质 5 对任一事件 A,有 $P(A)\leqslant 1$.

性质 6(逆事件的概率) 对任一事件 A,有 $P(\overline{A})=1-P(A)$.

证 因 $A\bigcup\overline{A}=\Omega,A\bigcap\overline{A}=\varnothing$,由概率的有限可加性得
$$P(\Omega)=1=P(A)+P(\overline{A}),$$
故
$$P(\overline{A})=1-P(A).$$

性质 7(加法公式) 对任意事件 A,B,有
$$P(A\bigcup B)=P(A)+P(B)-P(AB).$$

证 因 $A\bigcup B=A\bigcup(B-AB), \quad A\bigcap(B-AB)=\varnothing, \quad AB\subset B$,
由概率的有限可加性及性质 4 有
$$P(A\bigcup B)=P(A)+P(B-AB)=P(A)+P(B)-P(AB).$$

类似地,对任意三个事件 A,B,C,有
$$P(A\bigcup B\bigcup C)=P(A)+P(B)+P(C)-P(AB)-P(AC)-P(BC)+P(ABC).$$

1.3　概率的确定方法

概率的公理化定义给出了衡量一个指标是否有资格作为概率的评价标准,但却并没有解决随机事件概率的具体计算问题,而在公理化定义之前出现的频率定义、古典定义、几何定义等,都在某种场合下有着各自确定概率的方法,因此在有了概率的公理化定义之后,把它们看作确定概率的方法是合适的.

1.3.1　确定概率的频率方法

在相同的条件下,进行 n 次试验,称事件 A 发生的次数 n_A 为**频数**,称比值

$$f_n(A) = \frac{n_A}{n}$$

为事件 A 发生的**频率**.

人们在长期实践中发现:随着试验次数 n 的增加,频率 $f_n(A)$ 会稳定于一个确定的常数,而这个确定的常数就是我们要寻求的事件 A 发生的概率.

例 1.3.1　抛硬币试验

历史上有人做过"抛硬币"试验,观察试验"出现正面(H)"发生的规律,试验数据见表 1.2.

表 1.2　历史上投币试验的若干结果

试　验　人	试　验　次　数	出现正面次数	频　　　率
德·摩根	2048	1061	0.5181
蒲丰	4040	2048	0.5096
K·皮尔逊	12000	6019	0.5016
K·皮尔逊	24000	12012	0.5005

从表中数据可以看出,当试验次数较大时,出现正面的频率逐渐稳定在 0.5,因此在抛硬币试验中,可以说出现正面的概率是 0.5.

例 1.3.2　女婴出生频率

"男女婴出生概率相等",这是很多人容易凭直觉产生的看法,事实的确如此吗?

大数学家拉普拉斯(Laplace,1749—1827)专门研究过这个问题.他对伦敦、柏林、彼得堡乃至全法国的人口数据进行研究,最终发现:女婴的出生频率总在 0.488

左右波动. 统计学家克拉姆(Cramer,1893—1985)对 1935 年瑞典的官方人口数据(见表 1.3)进行分析,也发现女婴的出生频率总是在 0.482 附近波动. 因此,我们有理由相信:在自然情况下女婴出生概率是小于男婴出生概率的.

实践中,人们常常用大量重复试验下事件发生的频率来近似表示概率,这也就是概率的频率确定法最大的价值. 比如,在打靶训练中,虽然我们无法知道某人命中率的真实值,但在重复射击 1000 次的情况下,可以很有把握地使用命中频率作为命中概率真实值的近似值. 对于这一情况的严格证明,将在第 4 章给出.

表 1.3　瑞典 1935 年各月女婴出生频率

月份	婴儿数	女婴数	频率	月份	婴儿数	女婴数	频率
1	7280	3537	0.486	7	7585	3621	0.477
2	6957	3407	0.490	8	7393	3596	0.486
3	7883	3866	0.490	9	7203	3491	0.485
4	7884	3711	0.471	10	6903	3391	0.491
5	7892	3775	0.478	11	6552	3160	0.482
6	7609	3665	0.482	12	7132	3371	0.473

概率的频率确定法也存在明显缺点. 一方面,它只是适用于大量随机现象,对于个别随机现象无能为力;另一方面,在现实世界中,人们无法无限重复地进行同一个试验,也就很难真正获得频率的稳定值,只能够得到稳定值的近似值.

1.3.2　确定概率的古典方法

观察以下两个随机试验:

(1) 抛均匀硬币:样本空间 $\Omega=\{H,T\}$,且根据对称性知每个样本点出现的可能性相等,均为 $\dfrac{1}{2}$;

(2) 掷均匀骰子:样本空间 $\Omega=\{1,2,\cdots,6\}$,根据对称性知,每个样本点出现的可能性也相等,均为 $\dfrac{1}{6}$.

这两个试验具有以下两个共同特点:

(1) 试验样本空间中样本点的个数为有限个;

(2) 试验中各个样本点出现的可能性相等.

我们称具有这两种特性的试验为**古典型试验**,称它的数学模型为**古典概型**.之所以称其为"古典",是因为这种概率模型是概率论发展初期的主要研究对象.

在古典概型的范畴内,概率的确定问题变成了简单的计数问题.

定理 1.3.1　设古典型试验的样本空间 Ω 中样本点个数为 n,事件 A 含的样本点个数为 k,则 A 发生的概率

$$P(A)=\frac{k}{n}. \tag{1.2}$$

上式就是古典概型下的概率计算公式.该公式表明,在古典概型中,只要求得试验的样本点总数和事件所含的样本点个数,概率就容易求得.

例 1.3.3　抛掷一枚均匀硬币三次,求"恰好出现一次正面"和"至少出现一次正面"的概率.

解　试验的样本空间

$$\Omega=\{HHH,HHT,HTH,THH,HTT,THT,TTH,TTT\}.$$

若用 A 表示事件"恰好出现一次正面",用 B 表示事件"至少出现一次正面",则

$$A=\{HTT,THT,TTH\},$$

$$B=\{HHH,HHT,HTH,THH,HTT,THT,TTH\}.$$

从而,$P(A)=\dfrac{3}{8}$,$P(B)=\dfrac{7}{8}$.

例 1.3.4(抽样模型)　一袋中有形状大小相同的球 10 个,其中黑球 6 个、白球 4 个.考虑如下取球方式:(1) 第一次从袋中取出一个球,不放回,第二次再从袋中取出一个球,这种方法叫做**不放回抽样**;(2) 第一次从袋中取出一个球,观察其颜色后放回袋中,搅匀后第二次再从袋中取出一个球,这种方法叫做**放回抽样**.试求取出的两球全是黑球的概率.

解　用 A 表示事件"取出两球是黑球".

（1）不放回抽样.

第一次袋中有 10 个球可供选择,第二次袋中剩下 9 个球可供选择,从而不放回抽样下取 2 球的取法共有 $C_{10}^1 C_9^1=90$ 种,即样本空间 Ω 包含样本点 90 个;"取出两黑球"的取法有 $C_6^1 C_5^1=30$ 种,即事件 A 包含样本点 30 个,因此

$$P(A)=\frac{30}{90}=\frac{1}{3}.$$

（2）放回抽样.

从 10 个球中第一次取出一个球,放回,袋中还是 10 个球,从而放回抽样下取 2 球的取法共有 $C_{10}^1 C_{10}^1=100$ 种,即样本空间 Ω 包含样本点 100 个;"取出两黑球"的取法有 $C_6^1 C_6^1=36$ 种,即事件 A 包含样本点 36 个,因此

$$P(A)=\frac{36}{100}=0.36.$$

例 1.3.5(生日问题)　假设某个班级有 n 个人($n \leqslant 365$),求至少有两人生日在同一天的概率.

解　用 A 表示事件"n 个人中至少有两人生日在同一天",则 $\overline{A}$ 表示"n 个人的生日全不相同".

每个人的生日都有 $N = 365$ 种选择,从而 n 个人的生日共有 N^n 种安排方法,因此该随机试验的样本空间 Ω 包含 N^n 个样本点.而"n 个人的生日全不相同"的安排方法,共有 A_N^n 种,因此

$$P(\overline{A}) = \frac{A_N^n}{N^n} = \frac{N!}{N^n \cdot (N-n)!}.$$

从而

$$P(A) = 1 - P(\overline{A}) = 1 - \frac{N!}{N^n \cdot (N-n)!}.$$

这就是历史上著名的"生日问题",对于不同的 n 值计算的相应的概率 $P(A)$ 见表 1.4.

表 1.4　"生日问题"概率表

n	10	20	23	30	40	50
$P(A)$	0.12	0.41	0.51	0.71	0.89	0.97

表中的结果似乎与人们的直觉大相径庭.在人们的感觉中,"一个班级中至少有两个人生日在同一天"似乎是一个并不常见的事件,但是计算结果告诉我们,当班级人数达到 50 时,这个事件发生的概率竟高达 0.97,几乎是必然要发生的事件.

古典概型的局限性显而易见.它只适用于结果个数有限且等可能出现的随机试验中.对于实验结果个数无限的情形,古典概型无能为力,此时可以考虑使用下面介绍的"几何概型"来计算概率.

1.3.3　确定概率的几何方法

考察下面的例子.向半径为 R 的圆内随机投掷一点,求事件 $A = \{$点落入一个与该圆同心且半径为 $R/2$ 的圆内$\}$ 的概率(见图 1.1).因

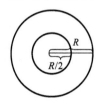

为样本空间 Ω 和随机事件 A 中包含的样本点个数都是无穷大,所以不能采用古典概型中的式(1.2)来求解.如果假定点落入圆内任一点的可能性相等,那么从直观上理解,点落入某区域的可能性与该区域的面积应当成正比,因此

图 1.1　圆内投点概率

$$\frac{P(A)}{P(\Omega)} = \frac{\text{小圆面积}}{\text{大圆面积}}.$$

由于必然事件 Ω 发生的概率为 1,从而

$$P(A) = \frac{\text{小圆面积}}{\text{大圆面积}} = \frac{\pi(R/2)^2}{\pi R^2} = \frac{1}{4}.$$

一般地,如果随机试验满足下面的条件:

(1) 样本空间 Ω 对应某一个区域;

(2) 每个样本点被取到的可能性相等,

则称该随机试验为**几何型随机试验**,其对应的数学模型为**几何概型**.

对于几何型试验,若事件 A 对应 Ω 中的一个子区域,其面积为 S_A,而 Ω 对应区域的面积为 S_Ω,那么事件 A 发生的概率为

$$P(A) = \frac{S_A}{S_\Omega}.$$

这就是确定概率的几何方法.需要说明的是,样本空间 Ω 对应的区域也可以是直线段或三维空间中的区域.当区域是直线段时,面积应改为长度;当区域是三维空间中的立体时,面积应改为体积,依此类推.

下面看两个例子.

例 1.3.6 在区间 $[0,2]$ 上随意取一个点,求其属于子区间 $[1,1.5]$ 的概率.

解 样本空间 Ω 即为区间 $[0,2]$,其长度为 2.记事件 $A = \{$取到的点属于 $[1,1.5]\}$,则 A 对应子区间 $[1,1.5]$,其长度为 0.5,于是

$$P(A) = \frac{0.5}{2} = \frac{1}{4}.$$

例 1.3.7(会面问题) 古诗有云:"月上柳梢头,人约黄昏后."甲、乙两人相约在黄昏 6 点至 7 点之间在某棵大柳树下汇合,并约定先到之人等对方一刻钟,过时即离去.设两人在 6 点至 7 点间各时刻到达大柳树是等可能的,且两人到达的时刻互不牵连.求两人能会面的概率.

解 用 x,y 分别表示甲、乙两人到达预定地点的时间(单位:分钟),则 (x,y) 的所有可能结果对应着平面区域 $\Omega = \{(x,y) \mid 0 \leqslant x \leqslant 60, 0 \leqslant y \leqslant 60\}$,即一个边长为 60 的正方形.

若用 A 表示事件"两人能够会面",则 A 发生的充分必要条件是

$$|x - y| \leqslant 15,$$

对应着图 1.2 中的阴影部分.由几何概型的计算方法得

$$P(A) = \frac{S_A}{S_\Omega} = \frac{60^2 - 45^2}{60^2} = \frac{7}{16}.$$

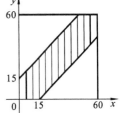

图 1.2 甲、乙两人成功会面对应的区域

1.4　条件概率、全概率公式和贝叶斯公式

1.4.1　条件概率

条件概率是已知一个事件 A 发生的条件下另一个事件 B 发生的概率,记为 $P(B|A)$.

条件概率是概率论中的一个重要概念,具有丰富的现实背景.比如,疾病诊断中,通常是在已知某项指标检测呈阳性的条件下,探求某人患病的可能性;雷达预警中,通常是在雷达显示屏上出现一个点的条件下,探求该点代表一架飞机的可能性;生产管理中,通常是在出现不合格品之后,确定生产责任,等等.为了进一步弄清条件概率,先来看一个简单的例子.

例 1.4.1　抛掷一颗骰子,已知点数是偶数,求点数能被 3 整除的概率.

解　记事件 $A=\{$点数是偶数$\}$,事件 $B=\{$点数能被 3 整除$\}$,则所求即为 $P(B|A)$.

易知样本空间 $\Omega=\{1,2,3,4,5,6\}$,$A=\{2,4,6\}$,$B=\{3,6\}$.这属于古典概型.已知事件 A 已发生,那么此时试验中所有可供选择的点数集合不再是 Ω 而是 A,而 A 中仅有 $6\in B$.于是在事件 A 发生的条件下事件 B 发生的概率

$$P(B|A)=\frac{1}{3}.$$

另一方面,易知

$$P(A)=\frac{1}{2},\quad P(AB)=\frac{1}{6},\quad P(B|A)=\frac{1}{3}=\frac{1/6}{1/2},$$

因此

$$P(B|A)=\frac{P(AB)}{P(A)}. \tag{1.3}$$

虽然式(1.3)由特殊的古典概型例子得出,但对一般的古典概型问题也总成立.事实上,设试验的样本点总数为 n,A 包含的样本点个数为 $m(m>0)$,AB 包含的样本点个数为 k,因为在 A 已经发生的条件下,B 发生的充分必要条件是 AB 中有样本点出现,故

$$P(B|A)=\frac{k}{m}=\frac{k/n}{m/n}=\frac{P(AB)}{P(A)}.$$

其实,不但对于古典概型,对于一般的随机试验,上面公式也成立,从而得到下面

的定义.

定义 1.4.1 　设 A,B 为某随机试验的两个随机事件,且 $P(A)>0$,则称

$$P(B|A)=\frac{P(AB)}{P(A)}$$

为在事件 A 发生的条件下事件 B 发生的**条件概率**.

由条件概率的定义可知,对两个事件 A、B,若 $P(A)>0$,则

$$P(AB)=P(A)P(B|A). \tag{1.4}$$

称上式为**概率的乘法公式**.

公式(1.4)给出了计算积事件概率的方法,与计算和事件概率的加法公式一起,成为概率论的两个重要公式.

乘法公式还可以推广到多个事件的情形.设有三个事件 A,B,C,且 $P(AB)>0$,则

$$P(ABC)=P(AB)P(C|AB)$$
$$=P(A)P(B|A)P(C|AB).$$

一般地,设有 $n(n\geqslant2)$ 个事件 $A_1,A_2,\cdots,A_n$,且 $P(A_1A_2\cdots A_{n-1})>0$,则

$$P(A_1A_2\cdots A_n)=P(A_1)P(A_2|A_1)P(A_3|A_1A_2)\cdots P(A_n|A_1A_2\cdots A_{n-1}).$$

例 1.4.2 　一盒子装有 3 只产品,其中 2 只一等品、1 只二等品.从中取产品两次,每次任取一只,做不放回抽样.设事件 A 为"第一次取到的是一等品",事件 B 为"第二次取到的是一等品",试求条件概率 $P(B|A)$.

解 　将产品编号,1、2 表示一等品,3 表示二等品;用有序数对 (i,j) 表示:第一次取到第 i 号产品,第二次取到第 j 号产品,则

$$\Omega=\{(1,2),(1,3),(2,1),(2,3),(3,1),(3,2)\},$$
$$A=\{(1,2),(1,3),(2,1),(2,3)\},$$
$$AB=\{(1,2),(2,1)\},$$

因此

$$P(B|A)=\frac{P(AB)}{P(A)}=\frac{2/6}{4/6}=\frac{1}{2}.$$

例 1.4.3 　设某光学仪器厂制造的透镜第一次落下时打破的概率为 0.5;若第一次落下未打破,第二次落下打破的概率为 0.7;若前两次落下都未打破,第三次落下打破的概率为 0.9.试求透镜落下三次而未打破的概率.

解 　设 $A_i(i=1,2,3)$ 表示"透镜第 i 次落下打破",B 表示"透镜落下三次都未打破",则

$$P(A_1)=0.5,P(A_2|\overline{A_1})=0.7,\quad P(A_3|\overline{A_1}\overline{A_2})=0.9,$$

而 $B=\overline{A_1}\overline{A_2}\overline{A_3}$,因此

$$P(B) = P(\overline{A}_1 \overline{A}_2 \overline{A}_3)$$
$$= P(\overline{A}_1) P(\overline{A}_2 \mid \overline{A}_1) P(\overline{A}_3 \mid \overline{A}_1 \overline{A}_2)$$
$$= (1-0.5)(1-0.7)(1-0.9)$$
$$= 0.015.$$

1.4.2　全概率公式和贝叶斯公式

在概率的计算中,我们总是希望能从已知事件的概率去求目标事件的概率,或者用比较简单的事件的概率去求复杂事件的概率.下面我们就沿着这个思路,建立计算概率的两个重要公式:全概率公式和贝叶斯公式.先来看一个例子.

例 1.4.4　有外形相同的球分装于三个盒子,每盒 10 个.其中,第一个盒子中有 7 个球标有字母 A,3 个球标有字母 B;第二个盒子中有红球和白球各 5 个;第三个盒子中有红球 8 个、白球 2 个.试验按如下规则进行:先在第一个盒子中任取一球,若取得标有字母 A 的球,则在第二个盒子中任取一个球;若第一次取得标有字母 B 的球,则在第三号盒子中任取一个球.如果第二次取出的是红球则称试验成功,求试验成功的概率.

解　记事件 A 为"从第一个盒子中取得标有字母 A 的球",B 为"从第一个盒子中取得标有字母 B 的球",R 为"第二次取得红球",W 为"第二次取得白球",易求得

$$P(A) = \frac{7}{10}, \quad P(B) = \frac{3}{10}, \quad P(R \mid A) = \frac{5}{10}, \quad P(R \mid B) = \frac{8}{10}.$$

于是,试验成功的概率

$$P(R) = P(R \cap \Omega) = P(R \cap (A \cup B)) = P(RA \cup RB)$$
$$= P(RA) + P(RB) = P(A)P(R \mid A) + P(B)P(R \mid B)$$
$$= \frac{7}{10} \times \frac{5}{10} + \frac{3}{10} \times \frac{8}{10} = 0.59.$$

上例中,"试验成功"这一随机事件比较复杂,概率难于求解.但是,通过将它分解成互不相容的两个简单事件之并,而后应用概率的加法公式和乘法公式,就能顺利得到所求概率.这种方法具有一般性,总结如下.

定理 1.4.1　设 $B_1, B_2, \cdots, B_n$ 是两两互不相容的事件,且满足

$$\bigcup_{i=1}^{n} B_i = \Omega, \quad P(B_i) > 0, \quad i = 1, 2, \cdots, n,$$

则对任一事件 A,有

$$P(A) = \sum_{i=1}^{n} P(B_i) P(A \mid B_i). \tag{1.5}$$

证　　　　$P(A) = P(A \bigcap \Omega) = P(A \bigcap (\bigcup\limits_{i=1}^{n} B_i)) = P(\bigcup\limits_{i=1}^{n} (AB_i))$

$$= \sum_{i=1}^{n} P(AB_i) = \sum_{i=1}^{n} P(B_i)P(A \mid B_i).$$

该公式称为**全概率公式**,它综合运用了概率的加法公式和乘法公式,是概率论中最基本的公式之一.

例 1.4.5　某国家采购的某型号武器来自于甲、乙、丙三家军工厂,其产品的比例为 $1:2:1$,三家军工厂的产品合格率分别为 90%、85%、80%,现从该型号武器中任取一件,试求恰为合格品的概率.

解　记 $B_1 = \{$取到的是甲厂的产品$\}$,$B_2 = \{$取到的是乙厂的产品$\}$,$B_3 = \{$取到的是丙厂的产品$\}$,$A = \{$取出的产品是合格品$\}$,易得

$$P(B_1) = P(B_3) = 0.25, \quad P(B_2) = 0.5;$$

$$P(A \mid B_1) = 0.90, \quad P(A \mid B_2) = 0.85, \quad P(A \mid B_3) = 0.80.$$

于是,由全概率公式得

$$P(A) = P(B_1)P(A \mid B_1) + P(B_2)P(A \mid B_2) + P(B_3)P(A \mid B_3)$$

$$= 0.25 \times 0.90 + 0.5 \times 0.85 + 0.25 \times 0.80 = 0.85.$$

由条件概率的定义和全概率公式,容易推得下面结论.

定理 1.4.2　设 $B_1, B_2, \cdots, B_n$ 是两两互不相容的事件,且满足

$$\bigcup_{i=1}^{n} B_i = \Omega, \quad P(B_i) > 0, \quad i = 1, 2, \cdots, n,$$

则对任一事件 A 有

$$P(B_i \mid A) = \frac{P(B_i)P(A \mid B_i)}{\sum\limits_{j=1}^{n} P(B_j)P(A \mid B_j)}, \quad i = 1, 2, \cdots, n. \tag{1.6}$$

证　由条件概率的定义(式(1.3)),可得

$$P(B_i \mid A) = \frac{P(AB_i)}{P(A)}, \quad i = 1, 2, \cdots, n.$$

进一步,由乘法公式(式(1.4))和全概率公式(式(1.5)),可得

$$P(B_i \mid A) = \frac{P(B_i)P(A \mid B_i)}{\sum\limits_{j=1}^{n} P(B_j)P(A \mid B_j)}, \quad i = 1, 2, \cdots, n.$$

该公式称为**贝叶斯公式**,从形式上看,它只不过是条件概率的定义、乘法公式和全概率公式的简单推论,但其理论和实践意义是相当深刻的.看下面一个例子.

例 1.4.6(续例 1.4.5)　假设已知取得的武器为不合格品,试确定该武器为甲军工厂生产的概率.

解　依题意,所求即为 $P(B_1 \mid \overline{A})$.由贝叶斯公式可得

$$P(B_1 \mid \overline{A}) = \frac{P(B_1)P(\overline{A} \mid B_1)}{\sum\limits_{j=1}^{3} P(B_j)P(\overline{A} \mid B_j)}$$

$$= \frac{0.25 \times (1-0.9)}{0.25 \times (1-0.9) + 0.5 \times (1-0.85) + 0.25 \times (1-0.8)}$$

$$= \frac{1}{6} \approx 0.167.$$

在上例中,$P(B_1)$、$P(B_2)$、$P(B_3)$ 是在抽取样本进行检验之前就应当确定的概率,所以称其为**先验(先于试验)概率**;$P(B_i|\overline{A})$ 是在试验结果出现之后需要确定的概率,称其为**后验(后于试验)概率**. 贝叶斯公式表明:试验所呈现的结果(如 $\overline{A}$ 发生)蕴含新的信息,这些新的信息对 B_i 发生的概率将产生影响,因此需要进行修正. 另一方面,如果把事件 $\overline{A}$ 看作试验中观测到的某种结果,而把 $B_1,B_2,\cdots$ 看作产生这一结果的可能原因,那么全概率公式可形象地比作"由原因推结果",而贝叶斯公式则是"由结果索原因".

1.5 独立性

上节中我们引入了条件概率 $P(B|A)$ 的概念,它刻画了事件 A 的发生给事件 B 带来的影响. 一种有趣的特殊情况是事件 A 的发生并没有给事件 B 带来影响,它没有改变事件 B 发生的概率,即

$$P(B|A) = P(B). \tag{1.7}$$

而由概率的乘法公式即得

$$P(AB) = P(A)P(B). \tag{1.8}$$

由此启示我们给出下面定义.

定义 1.5.1　对任意两个事件 A、B,若

$$P(AB) = P(A)P(B).$$

则称事件 A、B **相互独立**,简称**独立**.

之所以采用式(1.8)而不用式(1.7)来定义两个事件的独立性,原因有两方面:一是,该公式包含了 $P(A)=0$ 的情况,此时 $P(B|A)$ 没有定义;二是该公式体现了独立的"对称性",即 A 独立于 B,则 B 必定同时独立于 A.

由事件独立性的定义,不难得到如下性质.

性质 1　必然事件 Ω 和不可能事件 $\varnothing$ 与任何事件 A 都是相互独立的.

性质 2　若 A 与 B 互不相容,且 $P(A)P(B)>0$,则 A 与 B 不独立.

性质 3　若 $P(A)>0$,则 A 与 B 独立的充要条件是 $P(B|A)=P(B)$;若

$P(B)>0$,则 A 与 B 相互独立的充要条件是 $P(A|B)=P(A)$.

以上三个性质,请读者自行证明.下面给出性质 4 及其证明.

性质 4 若 A 与 B 独立,则 A 与 $\bar{B}$、$\bar{A}$ 与 B、$\bar{A}$ 与 $\bar{B}$ 相互独立.

证 这里仅证结论"A 与 $\bar{B}$ 相互独立".因为

$$A=A\Omega=A(B\cup\bar{B})=AB\cup A\bar{B}, \qquad AB\cap A\bar{B}=\varnothing,$$

所以

$$P(A)=P(AB)+P(A\bar{B}),$$

从而

$$P(A\bar{B})=P(A)-P(AB).$$

又因为 A 与 B 独立,即 $P(AB)=P(A)P(B)$,则

$$P(A\bar{B})=P(A)-P(A)P(B)=P(A)(1-P(B))=P(A)P(\bar{B}),$$

所以,由事件独立的定义即得 A 与 $\bar{B}$ 相互独立.

下面来看一个例子.

例 1.5.1 分别掷甲、乙两枚均匀的硬币,令 $A=\{$硬币甲出现正面$\}$,$B=\{$硬币乙出现正面$\}$,试证明事件 A 与 B 相互独立.

证 该试验属于古典概型,样本空间

$$\Omega=\{(H,H),(H,T),(T,H),(T,T)\}.$$

而事件

$$A=\{(H,H),(H,T)\},$$
$$B=\{(H,H),(T,H)\},$$
$$AB=\{(H,H)\},$$

从而

$$P(A)=P(B)=\frac{1}{2}, \quad P(AB)=\frac{1}{4}=P(A)P(B),$$

即事件 A 与 B 相互独立.

上例中,即使不验证,仅凭直觉也可知道两事件相互独立.分别掷两枚硬币,硬币甲出现正面不可能对硬币乙出现正面产生什么影响.其实,在概率论的实际应用中,人们常常根据事件的实际意义来判定随机事件间的独立性.一般,若根据实际情况,两事件之间没有关联或关联很微弱,则认为它们是相互独立的.比如,A、B 分别表示甲、乙患感冒,若两人在不同城市,那么可认为 A、B 互相独立;若甲、乙两人同住一室,那就不能认为 A、B 相互独立了.

独立性的概念可以推广到三个事件的情形.

定义 1.5.2 若 A、B、C 三个事件满足

$$P(AB)=P(A)P(B),$$
$$P(BC)=P(B)P(C),$$

$$P(AC) = P(A)P(C),$$
$$P(ABC) = P(A)P(B)P(C),$$

则称事件 A、B、C 相互独立.

一般地,设 $A_1, A_2, \cdots, A_n (n \geq 2)$ 是 n 个事件,若其中任意 2 个、任意 3 个、$\cdots$、任意 n 个事件的积事件的概率,都等于各事件概率之积,则称这 n 个事件 $A_1, A_2, \cdots, A_n$ **相互独立**. 若只是其中任意 2 个事件相互独立,则称这 n 个事件 $A_1, A_2, \cdots, A_n$ **两两独立**.

显然,n 个事件相互独立,则它们两两独立;反之不然.

由定义,不难得到下面两个性质,请读者自行证明.

性质 5 若事件 $A_1, A_2, \cdots, A_n (n \geq 2)$ 相互独立,则其中任意 $k(2 \leq k \leq n)$ 个事件也是相互独立的.

性质 6 若事件 $A_1, A_2, \cdots, A_n (n \geq 2)$ 相互独立,则将 $A_1, A_2, \cdots, A_n$ 中任意多个事件换成它们的对立事件,所得的新的 n 个事件仍是相互独立的.

事件的独立性给出了计算积事件概率的简便公式,实践中经常用到.

例 1.5.2 某种零件的加工需要经过三道工序,假设三道工序的次品率分别为 1%、5%、3%,假设各工序之间是互不影响的,求该种零件的次品率.

解 记事件 $A_i (i = 1, 2, 3)$ 为"第 i 道工序出现次品",则依题意 A_1、A_2、A_3 相互独立,且

$$P(A_1) = 0.01, \quad P(A_2) = 0.05, \quad P(A_3) = 0.03.$$

又记 A 为"加工出来的零件为次品",则 $A = A_1 \cup A_2 \cup A_3$.

方法一:直接利用加法公式.

$P(A) = P(A_1 \cup A_2 \cup A_3)$

$\quad = P(A_1) + P(A_2) + P(A_3) - P(A_1 A_2) - P(A_1 A_3) - P(A_2 A_3) + P(A_1 A_2 A_3)$

$\quad = P(A_1) + P(A_2) + P(A_3) - P(A_1)P(A_2) - P(A_1)P(A_3) - P(A_2)P(A_3)$
$\quad \quad + P(A_1)P(A_2)P(A_3)$

$\quad = 0.01 + 0.05 + 0.03 - 0.01 \times 0.05 - 0.01 \times 0.03 - 0.05 \times 0.03 + 0.01 \times 0.05$
$\quad \quad \times 0.03$

$\quad = 0.087715.$

方法二:通过对立事件计算概率.

$$P(A) = 1 - P(\bar{A}) = 1 - P(\overline{A_1 \cup A_2 \cup A_3})$$
$$= 1 - P(\overline{A_1})P(\overline{A_2})P(\overline{A_3})$$
$$= 1 - (1 - 0.01) \times (1 - 0.05) \times (1 - 0.03) = 0.087715.$$

显然,方法二更加简便.

例 1.5.3(可靠性问题) 一个元件能正常工作的概率叫做这个元件的可靠性,

由元件组成的系统能正常工作的概率叫做系统的可靠性. 如图 1.3 所示, 设有四个独立工作的元件以先串联再并联的方式连接 (称为串并联系统). 设第 i 个元件的可靠性为 $p_i (i=1,2,3,4)$, 试求系统的可靠性.

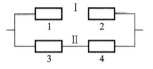

图 1.3 系统可靠性示意图

解 用 $A_i (i=1,2,3,4)$ 表示事件 "第 i 个元件正常工作", 用 A 表示事件 "系统正常工作", 则事件 A 发生当且仅当系统中线路 I 和线路 II 至少有一条线路上的两个元件同时正常工作, 所以

$$A = A_1 A_2 \bigcup A_3 A_4.$$

从而, 由概率的加法公式和独立性可得

$$
\begin{aligned}
P(A) &= P(A_1 A_2) + P(A_3 A_4) - P(A_1 A_2 A_3 A_4) \\
&= P(A_1)P(A_2) + P(A_3)P(A_4) - P(A_1)P(A_2)P(A_3)P(A_4) \\
&= p_1 p_2 + p_3 p_4 - p_1 p_2 p_3 p_4.
\end{aligned}
$$

可靠性数学理论起源于 20 世纪 30 年代, 最早研究的领域包括机器维修、设备更换和材料疲劳寿命等问题. 第二次世界大战期间由于研制使用复杂的军事装备和评定改善系统可靠性的需要, 可靠性理论得到重视和发展, 它的应用已从军事部门扩展到国民经济的许多领域.

1.6 研讨专题

1.6.1 信封之谜

有两个信封, 每个信封内有一定数目的钞票, 金额都是整数 (单位:元) 且不相等. 当你随机地打开一个信封时, 这个信封内的钱就是你的了. 为了多拿钱, 你还可以改变主意, 决定拿另一个信封中的钱, 此时必须放弃原来信封内的钱.

有人声称: 有一种策略可以使得拿到钱多信封的概率超过 0.5. 其方法如下:

(1) 连续地抛掷一枚均匀硬币, 直到出现正面为止, 记 X 为抛掷次数与 0.5 的和;

(2) 如果第一次打开信封里的钱数少于 X, 就更换信封, 否则保持原信封.

这个策略真的有效吗? 为什么?

(一) 理论分析

可以从条件概率的角度分析该问题.

假定信封 A 内的钱数为 x_1，信封 B 内的钱数为 x_2，且 $x_1 > x_2$。记事件 $A = \{$ 第一次选到 A 信封 $\}$，$B_1 = \{x_1 > X\}$，$B_2 = \{x_2 > X\}$，$W = \{$ 最终选到钱多的信封 $\}$。

由概率的性质，易得

$$P(A) = P(\overline{A}) = \frac{1}{2}, \qquad P(B_1) > P(B_2),$$

而该问题实质上就是判断是否有 $P(W) > \frac{1}{2}$。

由全概率公式可得

$$P(W) = P(W|A)P(A) + P(W|\overline{A})P(\overline{A}) = \frac{1}{2}[P(W|A) + P(W|\overline{A})], \quad (1.9)$$

$$P(\overline{W}) = P(\overline{W}|A)P(A) + P(\overline{W}|\overline{A})P(\overline{A}) = \frac{1}{2}[P(\overline{W}|A) + P(\overline{W}|\overline{A})]. \quad (1.10)$$

又因为在第一次选到 A 信封的条件下最终选到钱多的信封，等价于事件 B_1 发生。所以在事件 A 发生的条件下，事件 W 与事件 B_1 是等价的，因此 $P(W|A) = P(B_1|A)$。又因为选择信封与抛掷硬币之间是独立进行的，因此事件 A 与 B_1 相互独立，从而 $P(W|A) = P(B_1|A) = P(B_1)$。

同理可推导出

$$P(\overline{W}|\overline{A}) = P(B_2|\overline{A}) = P(B_2),$$

$$P(W|\overline{A}) = P(\overline{B_2}|\overline{A}) = P(\overline{B_2}),$$

$$P(\overline{W}|A) = P(\overline{B_1}|A) = P(\overline{B_1}).$$

又因为 $P(B_1) > P(B_2)$，所以 $P(W|A) > P(\overline{W}|\overline{A})$，$P(W|\overline{A}) > P(\overline{W}|A)$，从而由式 (1.9) 和式 (1.10) 可得

$$P(W) > P(\overline{W}),$$

也就有 $P(W) > \frac{1}{2}$。

（二）计算机模拟

给定两个正整数 x_1、x_2，x_1、x_2 分别代表两个信封内的钱数，且 $x_1 > x_2$。使用 Matlab 软件模拟下述过程：

（1）生成参数为 0.5 的几何随机变量并在该变量上加 0.5，得到 X；

（2）随机选取 x_1、x_2 中的一个，与 X 进行比较；

（3）若选到 x_1 且 $x_1 > X$，或选到 x_2 且 $x_2 < X$，记试验成功一次；否则，记试验失败一次；

（4）重复步骤（1）至（3）K 次，记录试验成功次数 n，则 n/K 即为拿到钱多信封概率的近似值。

下面是上述过程的 Matlab 程序:

```
clc;clear
x1=3;              %信封 A 内钱数
x2=1;              %信封 B 内钱数
K=500;             %试验模拟次数

%% 产生参数为 0.5 的几何分布
xx=rand(K,1);
X=floor(log(xx)/log(0.5))+1.5;

%% 模拟试验
yy=rand(K,1);
count=0;          %记录得到钱多信封次数;
for i=1:K
  if xx(i,1)<0.5
    if x1>X(i,1)
      count=count+1;
    end
  else if x2<X(i,1)
      count=count+1;
    end
  end
end

%% 展示试验结果
rate_win=count/K
```

分别取两个信封的钱数 x_1、x_2 不同值,运行上面 Matlab 程序,得到拿到钱多信封概率 $P(W)$ 的模拟结果如表 1.5 所示.

表 1.5　信封问题的模拟结果

A 信封内钱数(单位:元)	B 信封内钱数(单位:元)	实验次数	拿到钱多信封次数	成功频率
2	1	500	265	0.53
3	1	500	372	0.74
5	1	500	472	0.94

观察计算机模拟结果,我们看到拿到钱多信封的概率的确大于 0.5,并且当一个信封为 5 元,另一个信封为 1 元时,拿到 5 元信封的概率竟然在 0.9 以上.

思考题:

(1) 该种策略下拿到钱多信封的概率比 0.5 大了多少?能否用一个表达式给出结果?

(2) 不假定信封内钱数已知,是否影响分析结果?

(3) 除了通过抛掷硬币构造随机变量 X,还有其他更好的构造 X 的方法吗?

1.6.2 敏感性问题调查方法的原理

在调查中,有些问题可能牵涉个人隐私或具有高度的敏感性.比如,询问被调查者是否是同性恋,是否具有赌博习惯,是否想离开现有工作岗位跳槽,等等.如果拿这些问题直接询问被调查者,那么由于牵涉个人隐私或具有敏感性,被调查者可能会给出虚假的回答.有没有一种调查方法,既能保护被调查者的隐私,又能使其给出真实回答呢?

1965 年 Warner 的工作和 1967 年 Simmons 的工作给出了问题的答案,这就是抽样调查中敏感性问题的调查方法.下面我们结合一个例子来介绍该方法.

假设某公司想知道有跳槽意向的员工的比例,为此从各部门抽取 n 名员工进行问卷调查.事先准备一个盒子,盒子中放置 n 个纸条.纸条外观完全一样,只是上面的问题分两种:一种纸条上书写"你想跳槽吗?",这类纸条占比为 p;另一类纸条上书写"你是 7 月 1 日之前出生的吗?",这类纸条占比为 $1-p$.现请每名员工抽取一张纸条并作出"是"或"否"的回答,而调查者并不知道员工回答的是哪个问题,这样就保护了员工的隐私.

假设员工都作出了真实的回答,且 n 名员工中共有 m 名员工回答"是",那么使用下面的公式就可以给出公司有跳槽意向员工的比例的估计:

$$\hat{\varphi}=\frac{m/n-(1-p)/2}{p}.$$

上面公式是怎么得来的?其实,用我们本章学习的内容很容易给出解答.

记事件 $A=\{$员工回答"是"$\}$,$B=\{$员工抽到"你想跳槽吗?"纸条$\}$,$C=\{$员工抽到"你是 7 月 1 日之前出生的吗?"纸条$\}$,则依题意事件 B 和 C 互不相容,且 $B\cup C=\Omega$,从而,由全概率公式可得

$$P(A)=P(B)P(A|B)+P(C)P(A|C),$$

故

$$P(A|B)=\frac{P(A)-P(C)P(A|C)}{P(B)}.$$

由题意, $P(B)=p$, $P(C)=1-p$, 又由于可以认为 7 月 1 日之前出生与之后出生的可能性相等, 因此 $P(A|C)=\dfrac{1}{2}$.

显然, $\dfrac{m}{n}$ 是 $P(A)$ 的合理估计, 而 $P(A|B)$ 表示抽到"你想跳槽吗?"纸条而回答"是"的概率, 正是调查所关心的目标, 因此公司有跳槽意向员工的比例的合理估计即为

$$\hat{\varphi}=\frac{m/n-(1-p)/2}{p}.$$

这样, 通过全概率公式的应用, 我们就可以在保护受访者隐私的条件下得到我们所关心的信息.

本章主要术语的汉英对照表

随机试验	random experiment
样本空间	sample space
随机事件	random event
频率	frequency
概率	probability
古典概率	classical probability
对立事件	opposite event
不相容事件	disjoint event
条件概率	condition probability
概率乘法公式	multiplication formulas of probability
全概率公式	formulas of total probability
贝叶斯公式	Bayes' formulas
事件的独立性	independence of the event

习　题　1

1. 写出下列随机试验的样本空间:

(1) 同时掷两颗骰子, 记录两颗骰子的点数之和;

(2) 生产产品直到有 5 件正品为止, 记录生产产品的总件数;

(3) 在单位圆内任意取一点,记录它的坐标;

(4) 对目标进行射击,直到击中为止,记录射击次数.

2. 设 A,B,C 为三个随机事件,用其运算关系表示下列各事件:

   (1) A 发生,B,C 不发生;

   (2) A,B 都发生,而 C 不发生;

   (3) A,B,C 都发生;

   (4) A,B,C 中至少一个发生;

   (5) A,B,C 都不发生;

   (6) A,B,C 中不多于一个事件发生;

   (7) A,B,C 中至多两个事件发生;

   (8) A,B,C 中至少两个事件发生.

3. 设有三事件 A,B,C,且 $P(A)=P(B)=P(C)=0.25,P(AB)=P(BC)=0,$ $P(AC)=\dfrac{3}{16}$,求 A,B,C 都不发生的概率.

4. 设有三个事件 A_1,A_2,A_3,已知事件 A_1,A_2 同时发生时,A_3 发生. 证明 $P(A_3)\geqslant$ $P(A_1)+P(A_2)-1$.

5. 在 8 个晶体管中有次品 2 个,从中连续取三次,每次只取一个,取后不放回. 求下面三种情况的概率:

   (1) 三个晶体管都是正品;

   (2) 两个晶体管是正品,一个是次品;

   (3) 第三次取出的是正品.

6. 袋中有白球 5 个、黑球 6 个,依次取出三球,求顺序为"黑白黑"的概率.

7. 设甲袋中有白球 3 个、红球 7 个、黑球 15 个;乙袋中有白球 10 个、红球 6 个、黑球 9 个. 现从两袋中各取一球,求两球颜色相同的概率.

8. 将 C,C,E,E,I,N,S 等 7 个字母随机地排成一行,则恰好排成英语单词 SCIENCE 的概率为多少.

9. 考虑一元二次方程 $x^2+Bx+C=0$,其中 B,C 分别是将一枚骰子连续掷两次先后出现的点数. 求该方程有实根的概率 p 和有重根的概率 q.

10. 在区间 $(0,1)$ 内随机取两个数,则事件"两数之和小于 $\dfrac{6}{5}$"的概率为多少.

11. 在 $\triangle ABC$ 内任取一点 P,试证 $\triangle ABP$ 与 $\triangle ABC$ 的面积之比大于 $\dfrac{n-1}{n}$ 的概率为 $\dfrac{1}{n^2}$.

12. 两船欲靠同一码头,设两船独立到达,而且各自到达的时间在同一昼夜内是等可

能的.如果此二船在码头停靠时间分别是 1 小时及 2 小时,试求有一船要等待空
出码头的概率.

13. 在空战中,甲机先向乙机开火,击落乙机的概率是 0.2;若乙机未被击落,就进行
还击,击落甲机的概率是 0.3.若甲机未被击落,则再进攻乙机,击落乙机的概率
是 0.4,求在这几个回合中(1)甲机被击落的概率;(2)乙机被击落的概率.

14. 设 A,B 是两个随机事件,已知 $P(B)=\dfrac{1}{3}$,$P(\bar{A}\mid\bar{B})=\dfrac{1}{4}$,$P(\bar{A}\mid B)=\dfrac{1}{5}$,试
求 $P(A)$.

15. 在一个盒子中混有新、旧两种乒乓球.新乒乓球中有白色球 40 个、红色球 30 个;
旧乒乓球中有白色球 20 个、红色球 10 个.在这个盒子中任取一球,发现是新的,
求这个乒乓球是白色的概率.

16. 袋中装有 $2n-1$ 个白球、$2n$ 个黑球,一次取出 n 个球,发现都是同一种颜色的,求
这种颜色是黑色的概率.

17. 袋中有 10 个球,9 个是白球,1 个是红球.10 个人依次从袋中各取一球,每人取一
球后不再放回,问第一人、第二人、…、最后一人取的红球的概率是多少.

18. 设有来自两个地区的各 10 名、15 名和 25 名考生的报名表,其中女生的报名表分
别为 3 份、7 份和 5 份,随机地取一个地区的报名表,从中先后抽出两份.(1) 求
先抽的一份是女生表的概率;(2) 已知后抽的一份是男生表,求先抽出的一份是
女生表的概率.

19. 甲、乙两选手进行乒乓球单打比赛,甲先发球,甲发球成功后,乙回球失误的概率
为 0.3;若乙回球成功,甲回球失误的概率为 0.4;若甲回球成功,乙再回球失误
的概率为 0.5.试计算这几个回合中乙输掉 1 分的概率.

20. 设甲箱中有白球 a 个和黑球 b 个,乙箱中有白球 c 个和黑球 d 个.自甲箱中任意
取一球放入乙箱,然后再从乙箱中任意取一球,试求从乙箱中取出白球的概率.

21. 甲口袋中有 a 只黑球、b 只白球,乙口袋中有 n 只黑球、m 只白球.(1) 从甲口袋
中任取一只球放入乙口袋,然后再从乙口袋任取一只球,试求最后从乙口袋中取
出黑球的概率;(2) 从甲口袋中任取 2 只球放入乙口袋,然后再从乙口袋任取一
只球,试求最后从乙口袋中取出的是黑球的概率.

22. **卜里耶概型** 设口袋有 b 个黑球、r 个红球,任意取出一个,然后放回并放 c 个与取
出的颜色相同的球,再从袋中取出一球,问(1) 最初取出的球是黑球,第二次取
出的也是黑球的概率;(2) 如将上述手续进行 n 次,用归纳法证明任何一次取得
黑球的概率都是 $\dfrac{b}{b+r}$,任何一次取得红球的概率是 $\dfrac{r}{b+r}$.

23. (1998 考研题) 玻璃杯成箱出售,每箱 20 只.假设各箱含 0、1、2 只残次品的概

率相应为 0.8、0.1 和 0.1. 一顾客欲购一箱玻璃杯,在购买时,售货员随意取一箱,两顾客开箱随机地取出 4 只:若无残次品,买下该箱玻璃杯,否则退回. 试求:
(1) 顾客买下该箱的概率 α;(2) 顾客买下的一箱中,确实没有次品的概率 β.

24. 设某课程考卷上有选择题 20 道,每题答案是四选一,某生只会做 10 道,对另 10 道题完全不会,于是就猜. 试求他至少猜对两道题的概率.

25. 设一枚深水炸弹击沉一条潜水艇的概率为 $\dfrac{1}{3}$,击伤的概率为 $\dfrac{1}{2}$,击不中的概率为 $\dfrac{1}{6}$.并设击伤两次也会使潜水艇下沉,求施放 4 枚深水炸弹能击沉潜水艇的概率.(提示:先求击不沉的概率)

26. 袋中装有 m 枚正品硬币、n 枚次品硬币(次品硬币的两面均印有国徽). 在袋中任取一枚,将它投掷 r 次,已知每次都为国徽,问这枚硬币为正品的概率为多少?

27. 设两个相互独立的事件 A 和 B 都不发生的概率为 $\dfrac{1}{9}$,A 发生 B 不发生的概率和 A 不发生 B 发生的概率相等,则 $P(A)$ 为多少?

28. 设两两独立的三事件 A,B,C 满足条件:$ABC = \varnothing$,$P(A) = P(B) = P(C) < \dfrac{1}{2}$,且已知 $P(A \cup B \cup C) = \dfrac{9}{16}$,则 $P(A)$ 为多少?

29. 设 $0 < P(A) < 1, 0 < P(B) < 1, P(A \mid B) + P(\overline{A} \mid \overline{B}) = 1$,试证 A 与 B 独立.

30. 甲、乙、丙三人同时对飞机进行射击,三人击中的概率分别为 0.4、0.5、0.7,飞机被一人击中而被击落的概率为 0.2,被两人击中而被击落的概率为 0.6,若被三人击中则必被击落. 试求飞机被击落的概率.

31. 要验收一批(100 件)乐器. 验收方案如下:自该批乐器中随机地取 3 件测试(设 3 件乐器的测试是相互独立的),如果 3 件中至少有一件在测试中被认为音色不纯,则这批乐器就被拒绝接收. 设一件音色不纯的乐器经测试查出其为音色不纯的概率为 0.95;而一件音色纯的乐器经测试被误认为不纯的概率为 0.01. 如果已知这 100 件乐器中恰有 4 件是音色不纯的,试问这批乐器被接收的概率是多少?

第 2 章 随机变量及其分布

学习目标: 通过本章学习, 学员应明确随机变量的概念, 掌握分布函数、分布律和密度函数的概念及性质, 掌握数学期望、方差的概念及性质; 了解随机变量函数的概念, 会计算随机变量及随机变量函数的期望和方差; 熟悉二项分布、泊松分布、均匀分布、指数分布、正态分布, 会计算简单的随机变量函数的分布.

本章中, 我们引进概率论中的一个重要概念——随机变量. 引入随机变量的原因, 是为了进行定量的数学处理, 把随机试验的结果数量化, 使得对随机现象的处理更简单与直接, 更统一而有力. 本章主要介绍一维随机变量及其分布.

2.1 随机变量

数学上, 如果对每一个实数 x 都有唯一的一个值 y 与之对应, 则称 y 为实变量 x 的函数. 这个定义可以推广到自变量 x 不是实数的情形. 我们可以称两点间的距离是一对点的函数; 三角形的周长是定义在三角形集合上的函数; 二项式系数 C_x^k 是数对 (x, k) 的函数. 同样, 在抛掷一枚硬币 3 次的试验中, 我们也可以称正面朝上出现的次数 X 是样本空间上的函数. 这个样本空间由 8 个样本点组成, 且每一个点都对应于一个数(对应关系见表 2.1, 其中 H 表示出现正面, T 表示出现反面), 此时我们称 X 为一个随机变量. 定义在样本空间上的函数就称为随机变量. 同样的, 我们也可以定义 Y 表示 3 次投掷中反面朝上出现的次数, 那么, Y 也是一个随机变量. 也就是说, 定义在同一样本空间上的随机变量可以不止一个.

表 2.1 随机变量的例子

样本点	HHH	HHT	HTH	THH	HTT	THT	TTH	TTT
X 的值	3	2	2	2	1	1	1	0
Y 的值	0	1	1	1	2	2	2	3

　　事实上,在前面的一章里,我们一直用着随机变量的概念,只是没用这个术语罢了. 比如,产品检查中,抽到的次品个数是随机变量;n 个人中生日相同的人数是随机变量;110 报警台在一天中接到的报警次数是随机变量. 另外,灯泡的寿命、某人在公共汽车站等车所需要的时间以及扩散时质点的温度等这些也都是随机变量. 在前面的三个例子中,随机变量的可能取值是有限个或可列个,我们可以把样本空间中所有的样本点列出,并且与每一个样本点对应的随机变量的值也可以列出来,这样的随机变量我们称为离散型随机变量;而后面的三个例子中,随机变量可能的取值范围是一个区间,它们是连续型随机变量.

　　下面我们给出随机变量的一般定义.

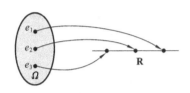

图 2.1　随机变量定义示意图

　　定义 2.1.1　定义在样本空间 Ω 上的单值实值函数 $X=X(e)$ 称为**随机变量**(见图 2.1). 如果随机变量的可能取值为有限个或可列个,则称其为**离散型随机变量**. 如果一个随机变量的可能取值是一个区间 (a,b),则称其为**连续型随机变量**,其中 a 可以是 $-\infty$,b 可以是 $+\infty$.

　　本书用大写的英文字母 $X,Y,Z,\cdots$ 表示随机变量,而以小写字母 $x,y,z,\cdots$ 表示其取值.

　　引入随机变量后,我们可以用随机变量的取值来表示事件.

　　如抛掷一枚均匀硬币 3 次的试验中,定义随机变量 X 表示正面出现的次数,那么 $\{X=2\}$ 表示事件"出现 2 次正面",$\{X\geqslant 1\}$ 表示"至少出现 1 次正面".

　　若以 Y 记作某灯泡的寿命,$\{Y\leqslant 1000\}$ 表示"灯泡寿命不超过 1000 小时",$\{1000\leqslant Y\leqslant 1500\}$ 表示"灯泡寿命在 1000 小时到 1500 小时之间".

　　随机变量的取值随试验的结果而定,在试验之前不能预知它取什么值,且它取某值有一定的概率. 这个性质显示了随机变量与普通函数的本质区别.

　　随机变量的引入,使我们能用随机变量来描述各种随机现象,并能利用数学分析的方法对随机试验的结果进行深入的研究和讨论.

2.2　离散型随机变量及其分布律

　　要掌握一个离散型随机变量 X 的统计规律,必须且只需知道 X 的所有可能取值以及取每一个可能值的概率.

　　定义 2.2.1　设 $\{x_k\}$ 为离散型随机变量 X 的所有可能的取值,而 p_k 表示 X 取值为 x_k 的概率,即

$$p_k = P\{X = x_k\}, \quad k = 1, 2, \cdots, \tag{2.1}$$

则称式 (2.1) 为离散型随机变量 X 的分布律.

分布律还可表示为如下表格形式:

X	x_1	x_2	$\cdots$	x_n	$\cdots$
p_k	p_1	p_2	$\cdots$	p_n	$\cdots$

由分布律的定义,不难得出分布律具有如下两个性质:

(1) **非负性**　$p_k \geqslant 0 (k = 1, 2, \cdots)$;

(2) **完备性**　$\sum\limits_{k=1}^{\infty} p_k = 1$.

事实上,$\sum\limits_{k=1}^{\infty} p_k = \sum\limits_{k=1}^{\infty} P\{X = x_k\} = P(\bigcup\limits_{k=1}^{\infty} \{X = x_k\}) = P\{\Omega\} = 1$.

另一方面,若一数列 $\{p_k\}$ 具有上述两条性质,则它可以作为某随机变量的分布律.

例 2.2.1　将一枚均匀硬币抛掷 3 次. 令 X 表示 3 次抛掷中正面向上的总次数,求 X 的分布律.

解　X 可能的取值为 $0, 1, 2, 3$,且

$$P\{X = 0\} = P\{TTT\} = \frac{1}{8},$$

$$P\{X = 1\} = P\{HTT, TTH, THT\} = \frac{3}{8},$$

$$P\{X = 2\} = P\{HHT, HTH, THH\} = \frac{3}{8},$$

$$P\{X = 3\} = P\{HHH\} = \frac{1}{8},$$

所以 X 的分布律为

X	0	1	2	3
p_k	$\frac{1}{8}$	$\frac{3}{8}$	$\frac{3}{8}$	$\frac{1}{8}$

下面介绍离散型随机变量中最常用的三个分布律.

2.2.1　0-1 分布

若随机试验 E 只有两个可能结果:A 及 $\overline{A}$,则称 E 为**伯努利试验**.

对伯努利试验,我们引入随机变量

$$X = \begin{cases} 1, & A \text{ 发生}, \\ 0, & A \text{ 不发生}, \end{cases}$$

且 X 的分布律为

X	0	1
p_k	$1-p$	p

称 X 服从参数 p 的 0-1 分布. 0-1 分布的分布律也可以写成

$$P\{X=k\} = p^k (1-p)^{1-k}, \tag{2.2}$$

其中 $k=0,1;0<p<1$.

0-1 分布是最简单的分布,任何只有两种结果的随机现象,比如新生儿是男是女,明天是否下雨,抽查一产品是正品还是次品等,都可以用它来描述. 有时,一个试验会有好几个可能的结果,但如果我们并不注意各个结果的区别,而是把这些结果简单地区分为两类,例如,掷一颗均匀骰子的试验中,如果仅考察 1 点出现与 1 点未出现这两种情况,那么也可以用 0-1 分布来描述.

2.2.2　二项分布

如果将上述伯努利试验 E 独立地重复进行 n 次,并且每次试验中事件 A 发生的概率都是相同,则称这一系列重复的独立试验为 n 重伯努利试验. 比如,独立地投掷一枚均匀硬币 10 次,就是一个 10 重伯努利试验;独立地检查 1000 件产品,观察是否合格,就是一个 1000 重伯努利试验.

在 n 重伯努利试验中,我们有时只关心事件 A 发生的次数,而不计较事件 A 的出现的先后次序. 若以 X 表示事件 A 发生的次数,则 X 是一个离散型随机变量,其可能的取值为 $0,1,2,\cdots,n$,且取每个数值的概率为

$$P\{X=k\} = C_n^k p^k (1-p)^{n-k}, \quad k=0,1,2,\cdots,n. \tag{2.3}$$

此时称随机变量 X 服从参数为 n,p 的**二项分布**,记为 $X \sim b(n,p)$.

可以看到,式(2.3)的右端恰好为二项式 $[p+(1-p)]^n$ 的展开式中出现 p^k 的那一项,这也是该分布被称为二项分布的原因.

注意,当 $n=1$ 时,二项分布 $b(1,p)$ 就是 0-1 分布.

二项分布以 n 重伯努利试验为背景,具有广泛的应用. 实际问题中的很多随机试验都可以用二项分布来描述. 如 n 次独立射击中研究击中目标的次数,连续抛掷 n 次硬币研究正面向上的次数,从一大批产品中任意抽取 n 件研究次品的件数等.

例 2.2.2　按规定,某种电子元件的使用寿命超过 1500 小时为一级品,已知一

大批该产品的一级品率为 0.2,现从中随机抽查 20 只,求这 20 只元件中一级品只数 X 的分布律.

解　这是不放回抽样,但由于这批元件的总数很大,且抽查的元件的数量相对于元件的总数来说又很小,因而可以当作放回抽样来处理,这样做会有一些误差,但误差不大. 将"抽查一只元件看是否为一级品"看作一次试验,则随机抽查 20 只相当于一个 20 重伯努利试验,即 $X \sim b(20,0.2)$. 故 X 的分布律为

$$P\{X=k\}=C_{20}^{k}(0.2)^{k}(0.8)^{20-k}, \quad k=0,1,2,\cdots,20.$$

将这些概率计算出来,X 的分布律可表示为

X	0	1	2	3	4	5	6	7	8	9	10	$\geqslant 11$
p_k	0.012	0.058	0.137	0.205	0.218	0.175	0.109	0.055	0.022	0.007	0.002	<0.001

根据此数据还可作出如下图形:

由图 2.2 可见 $P\{X=k\}$ 先随 k 的增大而增大,直到达到最大值,而后再下降.

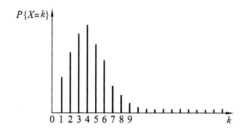

图 2.2　二项分布 $b(20,0.2)$ 的分布律

事实上,容易证明,对任意的 n 和 p,二项分布 $b(n,p)$ 都具有上述性质,即 $P\{X=k\}$ 总是随着 k 的增大先增加后减少,且在 $m=[(n+1)p]$ 处取得最大值(这里 $[\ ]$ 为取整符号,$[x]$ 表示不大于 x 的最大整数),若 $(n+1)p=m$ 为整数,则图形在 $k=m$ 和 $k=m-1$ 处同时取得最大值. 在概率论中,称取最大概率的 X 的取值为二项分布 $b(n,p)$ 的最大概然次数,即 n 重伯努利试验中事件 A 最有可能发生的次数.

2.2.3　泊松分布

设随机变量 X 所有可能的取值为 $0,1,2,\cdots$,而取各个值的概率为

$$P\{X=k\}=\frac{\lambda^{k}}{k!}\mathrm{e}^{-\lambda}, \quad k=0,1,2,\cdots, \tag{2.4}$$

其中 $\lambda>0$ 是常数,则称 X 服从参数为 λ 的**泊松分布**,记为 $X \sim \pi(\lambda)$.

泊松分布是 1838 年由法国数学家泊松(Poisson,1781—1840)首次提出的. 容易验证泊松分布满足分布律的两个性质,即

(1) $P\{X=k\}\geqslant 0, k=0,1,2,\cdots$;

(2) $\displaystyle\sum_{k=0}^{\infty} P\{X=k\} = \sum_{k=0}^{\infty}\frac{\lambda^k}{k!}\mathrm{e}^{-\lambda} = \mathrm{e}^{-\lambda}\sum_{k=0}^{\infty}\frac{\lambda^k}{k!} = \mathrm{e}^{-\lambda}\cdot\mathrm{e}^{\lambda} = 1$.

泊松分布是概率中最常见的分布之一. 通常实际问题中的稀有事件发生的次数可以用泊松分布来描述. 例如, 一天中出现车祸的次数、在一定时间间隔内电话交换台收到的呼叫次数、在一定时间间隔内某种放射性物质发出的 α 粒子数、一本书一页中的印刷错误数、太空中星星的个数、物质中的瑕疵的个数等都服从泊松分布.

关于泊松分布概率的计算, 可查阅书末附表 3 泊松分布表.

例 2.2.3 由仓库的出库记录可知, 某产品每月的出库数可用参数 $\lambda=10$ 的泊松分布来描述, 为了有 95% 以上的把握保证不短缺, 问此仓库在月底进货时至少应进多少件该产品?

解 设该仓库下月该产品的出库件数为 X, 本月无存货, 月底进货 N 件, 则当 $X\leqslant N$ 时就不会发生短缺.

由题意知, 随机变量 $X\sim p(10)$, 且要求 $P\{X\leqslant N\}\geqslant 0.95$, 即应有

$$\sum_{k=0}^{N}\frac{10^k}{k!}\mathrm{e}^{-10}\geqslant 0.95 \quad\text{或}\quad \sum_{k=N+1}^{\infty}\frac{10^k}{k!}\mathrm{e}^{-10}<0.05.$$

查泊松分布表可得 $N=15$, 即仓库在月底进货补充仓储时, 至少应进 15 件该产品, 才能有 95% 以上的把握保证该产品在下月不短缺.

计算二项分布事件的概率时, 有时计算量会很大, 例如 $n=1000$, $p=0.0001$ 时, 要计算 $C_{1000}^{10}0.0001^{10}\cdot 0.9999^{990}$, 就很困难. 这就要求寻求近似计算的方法. 实际应用中, 常用泊松分布作为二项分布的近似. 下面我们给出一个 n 很大、p 很小时二项分布的近似计算公式, 这就是著名的二项分布的泊松逼近.

定理 2.2.1(泊松定理) 设 $\lambda>0$ 为常数, n 是任意正整数, 设 $np_n=\lambda$, 则对于任一非负整数 k, 有

$$\lim_{n\to\infty}C_n^k p_n^k(1-p_n)^{n-k}=\frac{\lambda^k\mathrm{e}^{-\lambda}}{k!}.$$

证明略.

由泊松定理知, 当 n 很大、p 很小时, 可以用泊松分布近似计算二项分布. 表 2.2 给出了按二项分布直接计算与利用泊松分布近似的一些具体数据. 可以看出泊松分布近似效果是很好的, 而且当 n 越大 p 越小时, 近似程度越高.

例 2.2.4 有一繁忙的汽车站, 每天有大量汽车通过, 设每辆汽车在一天的某段时间内, 出事故的概率为 0.0001, 在每天的该段时间内有 10000 辆汽车通过, 问出事故的次数不小于 2 的概率是多少?

解 设 10000 辆车通过出事故的次数为 X, 则 $X\sim b(10000,0.0001)$, 从而

表 2.2　用泊松分布近似二项分布

k	二项分布 $b(n,p)$				泊松分布 $\pi(\lambda)$
	$n=10$ $p=0.1$	$n=20$ $p=0.05$	$n=40$ $p=0.025$	$n=100$ $p=0.01$	$\lambda=np=1$
0	0.349	0.358	0.363	0.366	0.368
1	0.385	0.377	0.372	0.370	0.368
2	0.194	0.189	0.186	0.185	0.184
3	0.057	0.060	0.060	0.061	0.061
4	0.011	0.013	0.014	0.015	0.015
>4	0.004	0.003	0.005	0.003	0.004

$$P\{X\geqslant2\}=1-P\{X=0\}-P\{X=1\}=1-0.9999^{10000}-C_{10000}^1 0.0001 \cdot 0.9999^{9999},$$

这个概率计算量很大.

由于 n 很大,p 很小,且 $\lambda=np=1$,由泊松定理得

$$P\{X\geqslant2\}\approx1-e^{-1}-e^{-1}=0.2642411.$$

2.3　随机变量的分布函数

对于离散型随机变量,我们可以用分布律来描述;对于非离散型随机变量,由于其可能取值无法一一列举,因而无法用分布律来描述. 此时,我们需要另一种工具:分布函数.

离散型随机变量的分布律记录的是随机变量取每个可能值的概率,即随机变量的"点概率",而分布函数与分布律不同,它刻画的是随机变量取值小于等于每个数的概率,因此分布函数又称为累积分布函数. 下面我们给出分布函数的定义.

定义 2.3.1　设 X 是一个随机变量,x 是任意的实数,则称函数

$$F(x)=P\{X\leqslant x\}$$

为 X 的**分布函数**或**累积分布函数**.

容易证明分布函数 $F(x)$ 具有以下基本性质:

(1) **单调性**　若 $x_1<x_2$,则 $F(x_1)\leqslant F(x_2)$.

事实上,$F(x_2)-F(x_1)=P\{x_1<X\leqslant x_2\}\geqslant0$,即知此性质成立.

(2) **有界性**　$0\leqslant F(x)\leqslant1$,且 $F(-\infty)=\lim\limits_{x\to-\infty}F(x)=0,F(+\infty)=\lim\limits_{x\to+\infty}F(x)=1.$

(3) **右连续性**　$F(x+0)=F(x)$,即 $\lim\limits_{x\to x_0+0}F(x)=F(x_0).$

事实上,反过来还可以证明:满足上述三条性质的函数 $F(x)$ 必是某个随机变量的分布函数.

有了随机变量 X 的分布函数,那么关于 X 的所有事件的概率都能用分布函数来计算. 例如,对任意的实数 $a < b$,有

$$P\{a < X \leqslant b\} = F(b) - F(a),$$
$$P\{a \leqslant X \leqslant b\} = F(b) - F(a-0),$$
$$P\{a < X < b\} = F(b-0) - F(a),$$
$$P\{X > b\} = 1 - F(b),$$
$$P\{X \geqslant b\} = 1 - F(b-0).$$

虽然对于离散型随机变量,我们可以用分布律去描述它,但为了数学形式上的统一,离散型随机变量也可以用分布函数来描述.

例 2.3.1 设随机变量 X 的分布律为

X	-1	2	3
p_k	0.25	0.5	0.25

求分布函数 $F(x)$ 及 $P\{X \leqslant 0\}$,$P\{1.5 < X \leqslant 2.5\}$,$P\{2 \leqslant X \leqslant 3\}$.

解 X 可能的取值为 $-1, 2, 3$,由分布函数的定义得:

当 $x < -1$ 时,$F(x) = P\{X \leqslant x\} = 0$;

当 $-1 \leqslant x < 2$ 时,$F(x) = P\{X \leqslant x\} = P\{X = -1\} = 0.25$;

当 $2 \leqslant x < 3$ 时,$F(x) = P\{X \leqslant x\} = P\{X = -1\} + P\{X = 2\}$
$$= 0.25 + 0.5 = 0.75;$$

当 $x \geqslant 3$ 时,$F(x) = P\{X \leqslant x\} = P\{X = -1\} + P\{X = 2\} + P\{X = 3\}$
$$= 0.25 + 0.5 + 0.25 = 1,$$

即

$$F(x) = \begin{cases} 0, & x < -1, \\ 0.25, & -1 \leqslant x < 2, \\ 0.75, & 2 \leqslant x < 3, \\ 1, & x \geqslant 3. \end{cases}$$

其图形为一条阶梯形曲线,如图 2.3 所示. $x = -1, 2, 3$ 为跳跃点,跳跃值分别为 0.25、0.5 和 0.25.

由分布函数定义可知:

$P\{X \leqslant 0\} = F(0) = 0.25$;

$P\{1.5 < X \leqslant 2.5\} = F(2.5) - F(1.5) = 0.75 - 0.25 = 0.5$;

$P\{2 \leqslant X \leqslant 3\} = F(3) - F(2) + P\{X = 2\} = 1 - 0.75 + 0.5 = 0.75$.

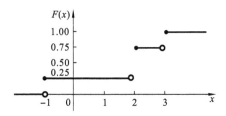

图 2.3　离散型随机变量的分布函数

可以看到,离散型随机变量分布函数是一个阶梯形的跳跃函数.

事实上,若已知离散型随机变量的分布律,就能唯一确定其分布函数;反之,由随机变量的分布函数亦可确定其分布律.

一般地,设离散型随机变量 X 的分布律为 $P\{X=x_k\}=p_k(k=1,2,\cdots)$,则 X 的分布函数为

$$F(x)=P\{X\leqslant x\}=\sum_{x_k\leqslant x}P\{X=x_k\}=\sum_{x_k\leqslant x}p_k,$$

即 $F(x)$ 的值等于所有满足 $x_k\leqslant x$ 的 x_k 对应的概率之和.

另一方面,设离散型随机变量 X 的分布函数 $F(x)$ 在 $x=x_k(k=1,2,\cdots)$ 处有跳跃,且其跳跃值为 p_k,从而 X 的分布律为

$$P\{X=x_k\}=p_k=F(x_k)-F(x_k-0),\quad k=1,2,\cdots.$$

下面我们介绍一个求非离散型随机变量的分布函数的例子.

例 2.3.2　一个靶子是半径为 2 米的圆盘,设击中靶上任一同心圆盘上的点的概率与该圆盘的面积成正比,并设射击都能中靶,以 X 表示弹着点与圆心的距离. 试求随机变量 X 的分布函数.

解　若 $x<0$,则由于 $\{X\leqslant x\}$ 是不可能事件,故
$$F(x)=P\{X\leqslant x\}=0.$$

若 $0\leqslant x\leqslant 2$,则由题意知,$P\{0\leqslant X\leqslant x\}=k\pi x^2$,$k$ 是某个常数. 为了确定 k 的值,取 $x=2$,有
$$P\{0\leqslant X\leqslant 2\}=2^2 k\pi,$$

又已知 $P\{0\leqslant X\leqslant 2\}=1$,故得 $k=\dfrac{1}{4\pi}$,此时
$$F(x)=P\{X\leqslant x\}=P\{X<0\}+P\{0\leqslant X\leqslant x\}=\dfrac{x^2}{4}.$$

若 $x\geqslant 2$,则由题意知 $\{X\leqslant x\}$ 为一必然事件,于是
$$F(x)=P\{X\leqslant x\}=1.$$

综合上述,即得随机变量 X 的分布函数为

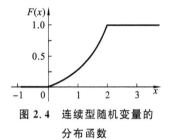

**图 2.4　连续型随机变量的
分布函数**

$$F(x) = \begin{cases} 0, & x < 0, \\ \dfrac{x^2}{4}, & 0 \leqslant x < 2, \\ 1, & x \geqslant 2. \end{cases}$$

注意到,与离散型随机变量不同,X 分布函数的图形是一条连续曲线,如图 2.4 所示. 这正是连续型随机变量的分布函数的特征.

2.4　连续型随机变量及其概率密度

2.4.1　概率密度函数的定义与性质

对上节例 2.3.2 中非离散型随机变量 X 的分布函数 $F(x)$,如果构造函数

$$f(t) = \begin{cases} \dfrac{t}{2}, & 0 < t < 2, \\ 0, & 其他, \end{cases}$$

则

$$F(x) = \int_{-\infty}^{x} f(t)\,\mathrm{d}t.$$

这就是说,$F(x)$ 恰是非负函数 $f(t)$ 在区间 $(-\infty, x]$ 上的积分,我们称 $f(x)$ 为随机变量 X 的概率密度函数. 下面我们给出概率密度函数的严格定义.

定义 2.4.1　设随机变量 X 的分布函数为 $F(x)$,若存在非负函数 $f(x)$,使对任意实数 x,有

$$F(x) = \int_{-\infty}^{x} f(t)\,\mathrm{d}t, \tag{2.5}$$

则称 $f(x)$ 为 X 的**概率密度函数**(简称为**概率密度**).此时,称 X 为连续型随机变量.

从式(2.5)可以看出,在 $f(x)$ 的连续点处,$F(x)$ 的导数存在,且有

$$F'(x) = f(x) \tag{2.6}$$

由式(2.5)、式(2.6),分布函数和概率密度函数可以互相求得.

下面我们讨论概率密度函数的基本性质:

(1) **非负性**　$f(x) \geqslant 0$;

(2) **完备性**　$\displaystyle\int_{-\infty}^{+\infty} f(x)\,\mathrm{d}x = 1.$

完备性的几何意义是:由 x 轴及位于 x 轴上方的曲线 $y = f(x)$ 所围成的图形的

面积为 1,如图 2.5 所示.

以上两条基本性质是概率密度函数必须具有的性质,反过来,满足这两条性质的函数 $f(x)$ 必是某个连续型随机变量的概率密度函数.

另外,概率密度还具有如下性质:

(3) 对于任意实数 $x_1,x_2(x_1 \leqslant x_2)$,有

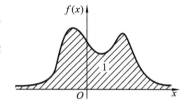

图 2.5　密度函数完备性的几何意义

$$P\{x_1 < X \leqslant x_2\} = F(x_2) - F(x_1) = \int_{x_1}^{x_2} f(t)\mathrm{d}t.$$

一旦给定了连续型随机变量的概率密度函数,就可以计算出该随机变量取值于任一区间的概率.

(4) 连续型随机变量 X 取任意值 a 的概率为 0.

这是因为　　　　$$P\{X = a\} = \lim_{\Delta x \to 0} \int_a^{a+\Delta x} f(x)\mathrm{d}x = 0.$$

该性质表明:即使 $P(A) = 0$,并不意味着事件 A 是不可能事件. 同样地,即使 $P(A) = 1$,也并不意味着事件 A 为必然事件.

另外,在计算连续型随机变量落在某一区间上的概率时,可以不必区分开区间、闭区间或半开半闭区间,即对任意的实数 $x_1,x_2(x_1 < x_2)$,有

$$P\{x_1 < X \leqslant x_2\} = P\{x_1 \leqslant X < x_2\} = P\{x_1 \leqslant X \leqslant x_2\} = P\{x_1 < X < x_2\}.$$

(5) 连续型随机变量的分布函数 $F(x)$ 是整个数轴上的连续函数.

这是因为,对任意 x,若有增量 Δx,则分布函数的增量

$$F(x + \Delta x) - F(x) = \int_x^{x+\Delta x} f(t)\mathrm{d}t \to 0 \quad (\Delta x \to 0).$$

前面我们已经学习过离散型随机变量的分布函数 $F(x)$ 是阶梯函数,是不连续的. 事实上,分布函数连续与否正是区分随机变量是否连续的重要特征. 即如果随机变量 X 的分布函数 $F(x)$ 是连续函数,那么随机变量 X 是连续型随机变量. 许多教材利用分布函数的连续性质来区分是否为连续型随机变量.

需要说明的是:改变概率密度函数 $f(x)$ 在个别点的函数值并不影响分布函数 $F(x)$ 的取值. 因此,可以在 $F(x)$ 的个别不可导点处灵活定义 $f(x)$ 的值.

例 2.4.1　设连续型随机变量 X 的分布函数为

$$F(x) = \begin{cases} A + Be^{-2x}, & x > 0, \\ C, & x \leqslant 0. \end{cases}$$

(1) 求常数 A,B,C;

(2) 求 X 的概率密度函数 $f(x)$;

(3) 求 $P\{-2 < X < 1\}$.

解　(1) 由分布函数的性质知

$$0 = F(-\infty) = \lim_{x \to -\infty} C = C,$$

$$1 = F(+\infty) = \lim_{x \to +\infty} (A + Be^{-2x}) = A.$$

而连续型随机变量的分布函数是连续的,得到

$$\lim_{x \to 0} F(x) = F(0),$$

故　　　　　　　　　　　　$A + B = C,$

解得　　　　　　　　$A = 1, \quad B = -1, \quad C = 0.$

（2）代入 A, B, C 得

$$F(x) = \begin{cases} 1 - e^{-2x}, & x > 0, \\ 0, & x \leqslant 0. \end{cases}$$

求导可得概率密度函数为

$$f(x) = \begin{cases} 2e^{-2x}, & x > 0, \\ 0, & x \leqslant 0. \end{cases}$$

（3）　　　$P\{-2 < X < 1\} = \int_{-2}^{1} f(x)\,dx = \int_{0}^{1} 2e^{-2x}\,dx = 1 - e^{-2}.$

下面我们介绍三种最常见的连续型分布.

2.4.2　重要的连续型分布

（一）均匀分布

设连续型随机变量 X 具有概率密度

$$f(x) = \begin{cases} \dfrac{1}{b-a}, & a < x < b, \\ 0, & \text{其他,} \end{cases} \tag{2.7}$$

则称 X 在区间 (a, b) 上服从**均匀分布**,记为 $X \sim U(a, b)$.

均匀分布的分布函数为

$$F(x) = \begin{cases} 0, & x < a, \\ \dfrac{x-a}{b-a}, & a \leqslant x < b, \\ 1, & x \geqslant b. \end{cases} \tag{2.8}$$

均匀分布的概率密度函数和分布函数的图形分别如图 2.6(a)和(b)所示.

在区间 (a, b) 上服从均匀分布的随机变量 X 的背景是第 1 章所述的几何概型,即 X 落在区间 (a, b) 中任意等长子区间内的概率是相等的.

均匀分布在实际生活中经常碰到,例如一个半径为 r 的汽车轮胎,因为轮胎圆周

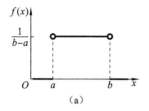 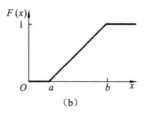

图 2.6 均匀分布的概率密度函数与分布函数的图形

上的任一点接触地面的可能性是相同的,所以轮胎圆周接触地面的位置 X 是服从 $(0,2\pi r)$ 上的均匀分布,这只要看一看报废轮胎的四周磨损程度几乎相同,就可以明白均匀分布的含义了.

例 2.4.2 某公共汽车站从早上 6 时起每隔 15 分钟发一班车. 若一乘客到达此车站的时间是 8:00 至 9:00 之间服从均匀分布的随机变量,求该乘客的候车时间不超过 5 分钟的概率.

解 设 X 表示该乘客于 8 时过后到达车站的时刻(单位:分钟),则 $X\sim U(0,60)$. X 的概率密度为

$$f(x)=\begin{cases} \dfrac{1}{60}, & 0<x<60, \\ 0, & 其他. \end{cases}$$

根据题意,发车时刻 T 分别为 $15,30,45,60$.

现要使其候车时间不超过 5 分钟,则

$$0\leqslant T-X\leqslant 5, \quad 即 \quad T-5\leqslant X\leqslant T,$$

从而 X 必落入下列区间之一:

$$[10,15], \quad [25,30], \quad [40,45], \quad [55,60].$$

因此,所求概率为

$$p = P\{10 \leqslant X \leqslant 15\} + P\{25 \leqslant X \leqslant 30\} + P\{40 \leqslant X \leqslant 45\} + P(55 \leqslant X \leqslant 60)$$

$$= \int_{10}^{15} \frac{1}{60}\mathrm{d}x + \int_{25}^{30} \frac{1}{60}\mathrm{d}x + \int_{40}^{45} \frac{1}{60}\mathrm{d}x + \int_{55}^{60} \frac{1}{60}\mathrm{d}x = \frac{1}{3}.$$

(二) 指数分布

设连续型随机变量 X 具有概率密度

$$f(x)=\begin{cases} \dfrac{1}{\theta}\mathrm{e}^{-x/\theta}, & x>0, \\ 0, & x\leqslant 0, \end{cases} \tag{2.9}$$

其中 $\theta>0$ 为常数,则称 X 服从参数为 θ 的**指数分布**,记为 $X\sim e(\theta)$.

易证 $f(x)$ 满足概率密度函数的两条基本性质,且不难求得其分布函数为

$$F(x) = \begin{cases} 1 - e^{-x/\theta}, & x \geqslant 0, \\ 0, & x < 0. \end{cases} \tag{2.10}$$

指数分布的概率密度函数和分布函数的图形分别如图 2.7(a)和(b)所示.

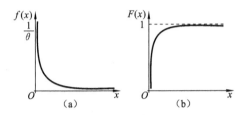

图 2.7　指数分布的概率密度与分布函数的图形

指数分布应用很广,如电子元件的使用寿命、电话的通话时间、排队时所需的等待时间等都可以用指数分布描述. 指数分布在生存分析、可靠性理论和排队论中有广泛的应用.

服从指数分布的随机变量 X 具有一个有趣的性质就是"无记忆性".

设随机变量 $X \sim e(\theta)$,则对于任意 $s, t > 0$,有

$$P\{X > s + t \mid X > s\} = P\{X > t\}.$$

事实上,

$$P\{X > s + t \mid X > s\} = \frac{P\{(X > s + t) \bigcap (X > s)\}}{P\{X > s\}} = \frac{P\{X > s + t\}}{P\{X > s\}} = \frac{1 - F(s + t)}{1 - F(s)}$$

$$= \frac{e^{-(s+t)/\theta}}{e^{-s/\theta}} = e^{-t/\theta} = P(X > t).$$

若 X 为电子元件的使用寿命,则上式表明如果该元件已经使用了 s 时间,则该元件能再使用 t 时间的概率与已使用的时间无关. 可以证明,在连续型随机变量中,仅指数分布具有此性质,所以指数分布常常作为"寿命"分布的近似.

(三) 正态分布

设随机变量 X 的概率密度函数为

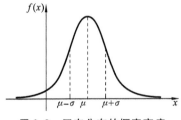

图 2.8　正态分布的概率密度函数图形

$$f(x) = \frac{1}{\sqrt{2\pi}\sigma} e^{-\frac{(x-\mu)^2}{2\sigma^2}}, \quad -\infty < x < +\infty, \tag{2.11}$$

其中 $\mu, \sigma(\sigma > 0)$ 为常数,则称 X 服从参数为 μ, σ 的**正态分布**(或**高斯分布**),记为 $X \sim N(\mu, \sigma^2)$,其概率密度函数图形如图 2.8 所示.

相应地,分布函数为

$$F(x) = \frac{1}{\sqrt{2\pi}\sigma} \int_{-\infty}^{x} e^{-\frac{(t-\mu)^2}{2\sigma^2}} dt, \quad -\infty < x < +\infty. \tag{2.12}$$

观察图 2.8 和图 2.9 易知,正态分布的概率密度函数的图形具有如下特点:

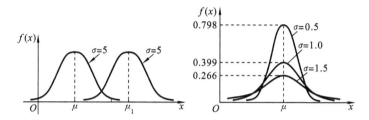

图 2.9　正态分布的概率密度函数图形随参数变化示意图

(1) 图形均在 x 轴上方,关于直线 $x=\mu$ 对称,在 $x=\mu\pm\sigma$ 处有拐点,且以 x 轴为渐近线. 当 $x=\mu$ 时,$f(x)$ 达到最大值 $f_{\max}(x)=f(\mu)=\dfrac{1}{\sqrt{2\pi}\sigma}$. x 离 μ 越远,$f(x)$ 的值越小. 这表明对于同样长度的区间,当区间离 μ 越远,X 落在这个区间上的概率越小.

(2) 当 σ 固定,μ 变化时,$f(x)$ 的图形沿 x 轴左右平行移动,但不改变其形状. 可见,正态分布的概率密度函数图形的位置完全由参数 μ 所确定,故称 μ 为**位置参数**.

(3) 当 μ 固定,σ 变化时,$f(x)$ 的图形随之变化. 由于最大值 $f(\mu)=\dfrac{1}{\sqrt{2\pi}\sigma}$,可知 σ 越小,图形越"陡峭",随机变量 X 的取值越集中在直线 $x=\mu$ 附近;σ 越大,图形越"平坦",X 的取值越分散. 因此,称 σ 为**形状参数**.

特别地,当 $\mu=0,\sigma=1$ 时,称随机变量 X 服从标准正态分布,记为 $X\sim N(0,1)$. 此时 X 的概率密度函数和分布函数分别用 $\varphi(x)$ 和 $\Phi(x)$ 来表示,即有

$$\varphi(x) = \frac{1}{\sqrt{2\pi}} e^{-\frac{x^2}{2}}, \quad -\infty < x < +\infty, \tag{2.13}$$

$$\Phi(x) = \frac{1}{\sqrt{2\pi}} \int_{-\infty}^{x} e^{-\frac{t^2}{2}} dt, \quad -\infty < x < +\infty, \tag{2.14}$$

其图形分别如图 2.10(a)、(b)所示.

易知,对任意实数 x,有

$$\varphi(-x)=\varphi(x), \qquad \Phi(-x)=1-\Phi(x).$$

正态分布是概率论中最重要的一种分布.因为在自然现象和社会现象中,很多随机变量都服从或近似服从正态分布. 例如,测量误差、弹着点、考试成绩、身高、体重等都服从或近似服从正态分布. 由本教材 4.2 节中心极限定理内容知,若影响某一数量指标的随机因素很多,且每个随机因素所起的作用又不大,则这个指标近似服从正态分布. 而且,许多重要分布可用正态分布来近似,还有一些分布是服从正态分布

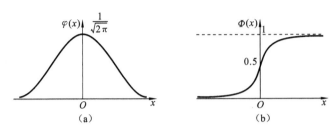

图 2.10 标准正态分布的概率密度函数与分布函数的图形

随机变量的函数的分布.

在概率论与数理统计的理论研究和实际应用中,服从正态分布的随机变量起着特别重要的作用.习惯上,把服从正态分布的随机变量称为正态变量.

由于正态变量在概率计算中的重要性,人们编制了标准正态分布的分布表,见本书附表 2. 一般正态分布 $N(\mu,\sigma^2)$ 只要通过一个线性变换就能化为标准正态分布.可验证:若 $X \sim N(\mu,\sigma^2)$,则 $Y = \dfrac{X-\mu}{\sigma} \sim N(0,1)$.

事实上,Y 的分布函数

$$P\{Y \leqslant x\} = P\left\{\frac{X-\mu}{\sigma} \leqslant x\right\} = P\{X \leqslant \mu + \sigma x\} = \frac{1}{\sqrt{2\pi}\sigma} \int_{-\infty}^{\mu+\sigma x} e^{-\frac{(t-\mu)^2}{2\sigma^2}} \mathrm{d}t,$$

令 $\dfrac{t-\mu}{\sigma} = u$,得

$$P\{Y \leqslant x\} = \frac{1}{\sqrt{2\pi}} \int_{-\infty}^{x} e^{-\frac{u^2}{2}} \mathrm{d}u = \Phi(x).$$

由此知

$$Y = \frac{X-\mu}{\sigma} \sim N(0,1).$$

于是,若 $X \sim N(\mu,\sigma^2)$,则其分布函数

$$F(x) = P\{X \leqslant x\} = P\left\{\frac{X-\mu}{\sigma} \leqslant \frac{x-\mu}{\sigma}\right\} = \Phi\left(\frac{x-\mu}{\sigma}\right). \tag{2.15}$$

对于任意的 $x_1, x_2 (x_1 \leqslant x_2)$,有

$$P\{x_1 < X \leqslant x_2\} = P\left\{\frac{x_1-\mu}{\sigma} < \frac{X-\mu}{\sigma} \leqslant \frac{x_2-\mu}{\sigma}\right\}$$

$$= \Phi\left(\frac{x_2-\mu}{\sigma}\right) - \Phi\left(\frac{x_1-\mu}{\sigma}\right). \tag{2.16}$$

例 2.4.3 设随机变量 $X \sim N(1,4)$,求 $P\{0 < X \leqslant 1\}$.

解 这里 $\mu = 1, \sigma = 2$,查表得

$$P\{0 < X \leqslant 1\} = \Phi\left(\frac{1-1}{2}\right) - \Phi\left(\frac{0-1}{2}\right) = \Phi(0) - \Phi(-0.5)$$

$$= \Phi(0) - [1 - \Phi(0.5)]$$

$$=0.5-1+0.6915=0.1915.$$

另外,若 $X \sim N(\mu, \sigma^2)$,则对任意正整数 k 有

$$P\{|X-\mu|<k\sigma\}=P\{\mu-k\sigma<X<\mu+k\sigma\}=\Phi\left(\frac{\mu+k\sigma-\mu}{\sigma}\right)-\Phi\left(\frac{\mu-k\sigma-\mu}{\sigma}\right)$$

$$=\Phi(k)-\Phi(-k)=2\Phi(k)-1.$$

故

$$P\{|X-\mu|<\sigma\}=2F(1)-1=0.6826,$$

$$P\{|X-\mu|<2\sigma\}=2F(2)-1=0.9544,$$

$$P\{|X-\mu|<3\sigma\}=2F(3)-1=0.9974.$$

这说明,正态变量的取值落在区间 $(\mu-3\sigma, \mu+3\sigma)$ 内的概率相当大,由于"大概率事件"在一次试验中几乎是必然要发生的,所以正态变量的取值落在区间 $(\mu-3\sigma, \mu+3\sigma)$ 内几乎是肯定的. 这正是著名的正态分布的"3σ 原则",如图 2.11 所示.

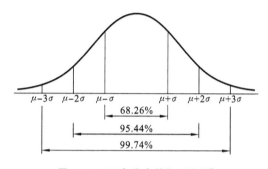

图 2.11 正态分布的"3σ 原则"

例 2.4.4 设从甲地到乙地有两条路线可供汽车行驶. 第一条路程较短,但交通比较拥挤. 经调查所需时间(单位:分钟)服从正态分布 $N(50,10^2)$. 第二条路程较长,但意外阻塞较少,所需时间服从正态分布 $N(60,4^2)$. 现若有 70 分钟可用,问应选择走哪一条路线? 若仅有 65 分钟可用,结果又如何?

解 显然选择不同的路线,能按时到达乙地的概率是不同的,因此应选择能按时到达乙地的概率较大的路线.

若以 X 表示按选择路线到达乙地的时间,则分析如下.

(1) 若有 70 分钟可用,走第一条路线能按时赶到的概率为

$$p_{11}=P\{0<X\leqslant70\}=P\left\{\frac{0-50}{10}<\frac{X-50}{10}\leqslant\frac{70-50}{10}\right\}$$

$$=\Phi(2)-\Phi(-5)\approx0.9772.$$

而走第二条路线能及时赶到的概率为

$$p_{12}=P\{0<X\leqslant70\}=P\left\{\frac{0-60}{4}<\frac{X-60}{4}\leqslant\frac{70-60}{4}\right\}$$

$$=\Phi(2.5)-\Phi(-15)\approx0.9938.$$

因此,在这种场合应选择走第二条路线.

(2) 若有 65 分钟可用,走第一条路线能及时赶到的概率为

$$p_{21} = P\{0 < X \leqslant 65\} = P\left\{\frac{0-50}{10} < \frac{X-50}{10} \leqslant \frac{65-50}{10}\right\}$$

$$= \Phi(1.5) - \Phi(-5) \approx 0.9332.$$

而走第二条路线能及时赶到的概率为

$$p_{22} = P\{0 < X \leqslant 65\} = P\left\{\frac{0-60}{4} < \frac{X-60}{4} \leqslant \frac{65-60}{4}\right\}$$

$$= \Phi(1.25) - \Phi(-15) \approx 0.8944.$$

因此,在这种场合应选择走第一条路线.

例 2.4.5 将一温度调节器放置在储存着某种液体的容器内.若调节器定在 d ℃,则液体的温度 X(以℃计)是一个随机变量,且 $X \sim N(d, 0.5^2)$.若要求保持液体的温度至少为 80 ℃的概率不低于 0.99,问 d 至少为多少?

解 按题意,要使 d 满足 $P\{X \geqslant 80\} \geqslant 0.99$. 因为 $X \sim N(d, 0.5^2)$,故

$$P\{X \geqslant 80\} = P\left\{\frac{X-d}{0.5} \geqslant \frac{80-d}{0.5}\right\} = 1 - P\left\{\frac{X-d}{0.5} < \frac{80-d}{0.5}\right\} = 1 - \Phi\left(\frac{80-d}{0.5}\right),$$

即要求 $\qquad \Phi\left(\dfrac{80-d}{0.5}\right) \leqslant 1 - 0.99 = 1 - \Phi(2.327) = \Phi(-2.327).$

由分布函数的单调性,得

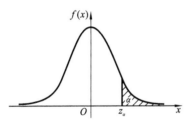

**图 2.12 标准正态分布上
α 分位点示意图**

$$\frac{80-d}{0.5} \leqslant -2.327.$$

所以要求 $\qquad d \geqslant 81.1635.$

为了便于今后在数理统计中的应用,对于标准正态分布,我们引入上 α 分位点的定义.

定义 2.4.2 设 $X \sim N(0,1)$,若 z_α 满足条件

$$P\{X > z_\alpha\} = \alpha, \qquad 0 < \alpha < 1,$$

则称点 z_α 为标准正态分布的上 α 分位点,如图 2.12所示.

由标准正态分布概率密度函数 $\varphi(x)$ 的图形的对称性,容易得出 $z_{1-\alpha} = -z_\alpha$.

2.5 随机变量的函数的分布

设 $y = g(x)$ 是定义在实数域上的一个函数,若 X 是一个随机变量,那么 $Y = g(X)$ 也是一个随机变量. 我们的问题是:如何从随机变量 X 的分布推导得出随机变

量 $Y=g(X)$ 的分布?

下面对离散型和连续型随机变量的情形,分别进行讨论.

例 2.5.1 已知随机变量 X 的分布律为

X	-1	0	1	2
$P\{X=x_k\}$	0.2	0.3	0.1	0.4

试求:(1) $Y=2X+1$;(2) $Y=(X-1)^2$ 的分布律.

解 (1) 随机变量 $Y=2X+1$ 的所有可能取值为 $-1,1,3,5$,且

$$P\{Y=-1\}=P\{2X+1=-1\}=P\{X=-1\}=0.2,$$
$$P\{Y=1\}=P\{2X+1=1\}=P\{X=0\}=0.3,$$
$$P\{Y=3\}=P\{2X+1=3\}=P\{X=1\}=0.1,$$
$$P\{Y=5\}=P\{2X+1=5\}=P\{X=2\}=0.4.$$

所以随机变量 $Y=2X+1$ 的分布律为

Y	-1	1	3	5
$P\{Y=y_k\}$	0.2	0.3	0.1	0.4

(2) 随机变量 $Y=(X-1)^2$ 的所有可能取值为 $0,1,4$,且由

$$P\{Y=0\}=P\{(X-1)^2=0\}=P\{X=1\}=0.1,$$
$$P\{Y=1\}=P\{(X-1)^2=1\}=P\{X=0\}+P\{X=2\}=0.7,$$
$$P\{Y=4\}=P\{(X-1)^2=4\}=P\{X=-1\}=0.2,$$

即得随机变量 $Y=(X-1)^2$ 的分布律为

Y	0	1	4
$P\{Y=y_k\}$	0.1	0.7	0.2

由例 2.5.1 可知,一般地,若 X 是离散型随机变量,其分布律为 $P\{X=x_k\}=p_k$ $(k=1,2,\cdots)$,$y=g(x)$ 为连续函数,$y_k=g(x_k)$,则 $Y=g(X)$ 也是离散型随机变量,且

(1) 当 y_k 的值互不相等时,Y 的分布律为

$$P\{Y=y_k\}=P\{X=x_k\}=p_k(k=1,2,\cdots);$$

(2) 当 y_k 的值有相等的情形时,应把那些相等的值合并,把相应的概率相加即得 Y 的分布律.

对于连续型随机变量的情形,有如下结论.

定理 2.5.1 设 X 为连续型随机变量,其概率密度为 $f_X(x)(-\infty<x<+\infty)$,若函数 $g(x)$ 处处可导,且对任意的 x 有 $g'(x)>0$(或 $g'(x)<0$),则 $Y=g(X)$ 是一

个连续型随机变量,其概率密度函数为

$$f_Y(y) = \begin{cases} f_X[h(y)]|h'(y)|, & \alpha < y < \beta, \\ 0, & \text{其他}, \end{cases} \tag{2.17}$$

其中 $h(y)$ 是 $g(x)$ 的反函数,$\alpha = \min\{g(-\infty), g(+\infty)\}$, $\beta = \max\{g(-\infty), g(+\infty)\}$.

证 不妨设对于任意 x,有 $g'(x) > 0$,则 $g(x)$ 在 $(-\infty, +\infty)$ 内严格单调增加,它的反函数 $h(y)$ 存在,且在 (α, β) 内严格单调增加,可导.记 Y 的分布函数为 $F_Y(y)$.

因为 $Y = g(X)$ 在 (α, β) 内取值,故当 $y \leqslant \alpha$ 时,$F_Y(y) = P\{Y \leqslant y\} = 0$;

当 $y \geqslant \beta$ 时,$F_Y(y) = P\{Y \leqslant y\} = 1$.

而当 $\alpha < y < \beta$ 时,

$$\begin{aligned} F_Y(y) &= P\{Y \leqslant y\} = P\{g(X) \leqslant y\} \\ &= P\{X \leqslant h(y)\} = \int_{-\infty}^{h(y)} f_X(x)\,\mathrm{d}x. \end{aligned}$$

将 $F_Y(y)$ 关于 y 求导,即得 Y 的概率密度函数为

$$f_Y(y) = \begin{cases} f_X[h(y)]h'(y), & \alpha < y < \beta, \\ 0, & \text{其他}. \end{cases} \tag{2.18}$$

对于 $g'(x) < 0$ 的情形亦可以同样证明,且有

$$f_Y(y) = \begin{cases} f_X[h(y)][-h'(y)], & \alpha < y < \beta, \\ 0, & \text{其他}. \end{cases} \tag{2.19}$$

合并式(2.18)与式(2.19),式(2.17)得证.

若 $f_X(x)$ 在有限区间 $[a, b]$ 以外等于零,则只需假设在 $[a, b]$ 上恒有 $g'(x) > 0$(或 $g'(x) < 0$),此时 $\alpha = \min\{g(a), g(b)\}$, $\beta = \max\{g(a), g(b)\}$.

例 2.5.2 设随机变量 X 具有概率密度函数 $f_X(x)$,求线性函数 $Y = aX + b$(a, b 为常数,且 $a \neq 0$)的概率密度函数 $f_Y(y)$.

解 设 $y = g(x) = ax + b$,其反函数 $x = h(y) = \dfrac{y-b}{a}$,而 $h'(y) = \dfrac{1}{a}$.

由式(2.17)知,$Y = aX + b$ 的概率密度函数为

$$f_Y(y) = \frac{1}{|a|} f_X\left(\frac{y-b}{a}\right), \qquad -\infty < y < +\infty.$$

特别地,若 $X \sim N(\mu, \sigma^2)$,即

$$f_X(x) = \frac{1}{\sqrt{2\pi}\sigma} \mathrm{e}^{-\frac{(x-\mu)^2}{2\sigma^2}}, \quad -\infty < x < +\infty,$$

则 $Y = aX + b$ 的概率密度函数为

$$f_Y(y) = \frac{1}{|a|} \frac{1}{\sqrt{2\pi}\sigma} \mathrm{e}^{-\frac{\left(\frac{y-b}{a}-\mu\right)^2}{2\sigma^2}} = \frac{1}{|a|\sigma\sqrt{2\pi}} \mathrm{e}^{-\frac{[y-(b+a\mu)]^2}{2(a\sigma)^2}}, \quad -\infty < y < +\infty,$$

即有 $$Y = aX + b \sim N(a\mu + b, (a\sigma)^2).$$

这说明正态变量 X 的线性函数仍服从正态分布.

进一步取 $a = \dfrac{1}{\sigma}, b = -\dfrac{\mu}{\sigma}$, 得 $Y = \dfrac{X - \mu}{\sigma} \sim N(0, 1)$.

例 2.5.3 设随机变量 X 具有概率密度函数 $f_X(x)$, 求 $Y = X^3$ 的概率密度函数 $f_Y(y)$.

解 这里 $y = g(x) = x^3$, 则除 $x = 0$ 外恒有 $g'(x) = 3x^2 > 0$, 且其反函数存在并可导, 反函数为

$$x = h(y) = \sqrt[3]{y}, \quad \text{且} \quad h'(y) = \frac{1}{3}y^{-\frac{2}{3}} \quad (y \neq 0).$$

从而由式(2.17)可得, $Y = X^3$ 的概率密度函数为

$$f_Y(y) = f_X(y^{\frac{1}{3}})\frac{1}{3}y^{-\frac{2}{3}} = \frac{1}{3}y^{-\frac{2}{3}}f_X(y^{\frac{1}{3}}) \quad (y \neq 0).$$

若定理 2.5.1 中的函数 $y = g(x)$ 的单调性条件不满足, 则可仿照定理的证明方法, 先求 $Y = g(X)$ 的分布函数, 而后通过求导得到其概率密度函数.

例 2.5.4 设随机变量 X 的概率密度函数为 $f_X(x)\,(-\infty < x < +\infty)$, 求 $Y = X^2$ 的概率密度函数 $f_Y(y)$.

解 由于 $y = g(x) = x^2$ 不是单调函数, 故不能由式(2.17)计算 $Y = X^2$ 的概率密度函数.

我们先求 Y 的分布函数 $F_Y(y)$.

由于 $Y = X^2 \geqslant 0$, 所以当 $y \leqslant 0$ 时,
$$F_Y(y) = P\{Y \leqslant y\} = 0;$$

而当 $y > 0$ 时,

$$F_Y(y) = P\{Y \leqslant y\} = P\{X^2 \leqslant y\} = P\{-\sqrt{y} < X < \sqrt{y}\} = \int_{-\sqrt{y}}^{\sqrt{y}} f_X(x)\mathrm{d}x.$$

将 $F_Y(y)$ 关于 y 求导, 即得 $Y = X^2$ 的概率密度函数为

$$f_Y(y) = F_Y'(y) = \begin{cases} \dfrac{1}{2\sqrt{y}}[f_X(\sqrt{y}) + f_X(-\sqrt{y})], & y > 0, \\ 0, & y \leqslant 0. \end{cases}$$

例如, 若 $X \sim N(0, 1)$, 其概率密度函数为

$$\varphi(x) = \frac{1}{\sqrt{2\pi}}\mathrm{e}^{-\frac{x^2}{2}}, \quad -\infty < x < +\infty.$$

由上式可得 $Y = X^2$ 的概率密度函数为

$$f_Y(y) = \begin{cases} \dfrac{1}{\sqrt{2\pi}}y^{-\frac{1}{2}}\mathrm{e}^{-\frac{y}{2}}, & y > 0, \\ 0, & y \leqslant 0. \end{cases}$$

此时称 Y 服从自由度为 1 的 χ^2 分布.

2.6 随机变量的数学期望

我们知道,随机变量的分布(分布律、概率密度函数或分布函数)能完整地描述随机变量的统计特征. 然而在实际问题中,我们有时难以确定随机变量的分布,有时也不必要去全面考察随机变量的分布情况. 例如,某景区国庆黄金周的客流量是一个随机变量,一般情况下,我们并不关心客流量所服从的具体分布,而只是关心平均客流量以及客流量对平均值的偏离程度. 这些与随机变量有关的量,虽然不能完整地描述随机变量,但能描述随机变量在某些方面的重要特征,通常我们称这些量为随机变量的"特征数". 随机变量的特征数有很多,常用的主要有数学期望、方差、标准差、中位数等. 本节将介绍随机变量最重要的特征数:数学期望.

2.6.1 数学期望的概念

数学期望实际上来源于我们日常生活中"平均"的概念.

假定某射手在一次射击比赛中共发射了 10 发子弹,其中 1 发中 7 环,2 发中 8 环,3 发中 9 环,4 发中 10 环,那么射手的射击水平如何呢?

我们习惯上用射手射中的平均环数来衡量射手的射击水平,即

$$平均环数 = \frac{7 \times 1 + 8 \times 2 + 9 \times 3 + 10 \times 4}{10}$$

$$= 7 \times \frac{1}{10} + 8 \times \frac{2}{10} + 9 \times \frac{3}{10} + 10 \times \frac{4}{10} = 9.$$

这里的平均环数并不是这 10 发子弹击中的 4 个值的简单平均,而是以取这些值的频率为权重的加权平均.

上面定义的平均环数真能表示射手的射击水平吗? 实质上,该平均环数是随着试验结果而改变的量. 试想,如果让该射手再发射 10 发子弹,再次计算平均环数,其结果会不一样. 之所以出现这种情况,是因为频率是不稳定的. 而我们知道,随着试验次数的增加,频率稳定于概率. 如果我们用相应取值的概率替代频率作为权重,就能够得到能反映射手射击水平的稳定的量.

通过以上分析,我们下面给出数学期望的定义.

定义 2.6.1 设离散型随机变量 X 的分布律为 $P\{X = x_i\} = p_i (i = 1, 2, \cdots)$,若级数 $\sum\limits_{i=1}^{\infty} x_i p_i$ 绝对收敛,则称级数 $\sum\limits_{i=1}^{\infty} x_i p_i$ 的和为随机变量 X 的**数学期望**,简称**期望**

或均值,记为 $E(X)$,即

$$E(X) = \sum_{i=1}^{\infty} x_i p_i. \qquad (2.20)$$

如果级数 $\sum_{i=1}^{\infty} |x_i| p_i$ 发散,则称随机变量 X 的数学期望不存在.

由定义可知,离散型随机变量 X 的数学期望 $E(X)$ 就是 X 的各可能取值与其对应概率的乘积之和.

例 2.6.1　设随机变量 X 的分布律如下:

X	-1	0	$1/2$	1	2
p	$1/3$	$1/6$	$1/3$	$1/12$	$1/12$

求随机变量 X 的数学期望 $E(X)$.

解　由式(2.20)得

$$E(X) = (-1) \times \frac{1}{3} + 0 \times \frac{1}{6} + \frac{1}{2} \times \frac{1}{3} + 1 \times \frac{1}{12} + 2 \times \frac{1}{12} = \frac{1}{12}.$$

例 2.6.2　设随机变量 $X \sim b(n,p)$,求其数学期望 $E(X)$.

解　因为 X 服从参数为 n,p 的二项分布,故其分布律为

$$P\{X=k\} = C_n^k p^k (1-p)^{n-k}, \quad k=0,1,2,\cdots,n.$$

因此　　$$E(X) = \sum_{k=0}^{n} k C_n^k p^k (1-p)^{n-k} = \sum_{k=0}^{n} k \frac{n!}{(n-k)!k!} p^k (1-p)^{n-k}$$

$$= np \sum_{k=0}^{n} \frac{(n-1)!}{[(n-1)-(k-1)]!(k-1)!} p^{k-1} (1-p)^{(n-1)-(k-1)}$$

$$= np(p+1-p)^{n-1} = np.$$

特别地,当随机变量 X 服从 0-1 分布,即 $X \sim b(1,p)$ 时,数学期望 $E(X) = p$.

例 2.6.3　设随机变量 $X \sim \pi(\lambda)$,求其数学期望 $E(X)$.

解　X 的分布律为

$$P\{X=k\} = \frac{\lambda^k}{k!} e^{-\lambda} \quad (k=0,1,2,\cdots; \lambda > 0).$$

X 的数学期望为

$$E(X) = \sum_{k=0}^{\infty} k \frac{\lambda^k}{k!} e^{-\lambda} = \lambda e^{-\lambda} \sum_{k=0}^{\infty} \frac{\lambda^{k-1}}{(k-1)!} = \lambda e^{-\lambda} \cdot e^{\lambda} = \lambda.$$

例 2.6.4　在一个人数很多的单位中普查某种疾病,有 N 个人去验血,且有两种化验方法:(1) 将每个人的血分别去验,共需 N 次;(2) 按 k 个人一组进行分组,并把这 k 个人的血混合在一起化验,如果混合血化验结果是阴性,则这 k 个人只需化验一次.如果混合血化验结果是阳性,再对这 k 个人的血液逐个分别化验,此时 k 个人的

血共需化验 $k+1$ 次. 假设每个人化验呈阳性的概率都是 p, 且这些人的试验反应是相互独立的. 试说明当 p 较小时, 选取适当的 k, 按第二种方法可以减少化验的次数.

解　每个人的血化验结果呈阴性的概率为 $q=1-p$, 因而 k 个人的混合血化验结果呈阴性的概率为 q^k, k 个人的混合血化验结果呈阳性的概率为 $1-q^k$.

设以 k 个人为一组时, 组内每个人化验的次数为 X, 则 X 是一个随机变量, 其分布律为

X	$\dfrac{1}{k}$	$\dfrac{k+1}{k}$
p_k	q^k	$1-q^k$

故 X 的数学期望为

$$E(X)=\frac{1}{k}q^k+\frac{k+1}{k}(1-q^k)=1-q^k+\frac{1}{k}.$$

N 个人平均化验的次数为 $N\left(1-q^k+\dfrac{1}{k}\right)$.

由此可知, 只要选择 k 使 $1-q^k+\dfrac{1}{k}<1$, 则 N 个人平均需化验的次数小于 N.

类似于离散型随机变量数学期望的定义, 我们可以给出连续型随机变量数学期望的定义.

定义 2.6.2　设 X 为一维连续型随机变量, $f(x)$ 为其概率密度函数. 若积分 $\int_{-\infty}^{+\infty} xf(x)\mathrm{d}x$ 绝对收敛, 则称积分 $\int_{-\infty}^{+\infty} xf(x)\mathrm{d}x$ 为**连续型随机变量 X** 的**数学期望**, 记为 $E(X)$, 即

$$E(X)=\int_{-\infty}^{+\infty} xf(x)\mathrm{d}x. \tag{2.21}$$

例 2.6.5　设随机变量 $X\sim U(a,b)$, 求其数学期望 $E(X)$.

解　X 的概率密度函数为

$$f(x)=\begin{cases} \dfrac{1}{b-a}, & a<x<b, \\ 0, & \text{其他}. \end{cases}$$

由连续型随机变量数学期望的定义知, X 的数学期望为

$$E(X)=\int_{-\infty}^{+\infty} xf(x)\mathrm{d}x=\int_a^b \frac{x}{b-a}\mathrm{d}x=\frac{a+b}{2}.$$

例 2.6.6　设随机变量 X 服从参数为 θ 的指数分布, 求其数学期望 $E(X)$.

解　因为随机变量 X 的概率密度函数为

$$f(x) = \begin{cases} \dfrac{1}{\theta} e^{-x/\theta}, & x > 0, \\ 0, & x \leqslant 0, \end{cases}$$

所以 $\qquad E(X) = \displaystyle\int_{-\infty}^{+\infty} x f(x) \mathrm{d}x = \int_0^{+\infty} x \cdot \dfrac{1}{\theta} e^{-x/\theta} \mathrm{d}x = -\int_0^{+\infty} x \cdot \mathrm{d}(e^{-x/\theta})$

$$= - x e^{-x/\theta} \Big|_0^{+\infty} + \int_0^{+\infty} e^{-x/\theta} \mathrm{d}x = \theta.$$

在 2.4 节中已经指出:指数分布可作为电子元件寿命的分布,由例 2.6.6 知 θ 就是电子元件的平均寿命. 易见,θ 越大,平均寿命越长.

例 2.6.7 设随机变量 X 服从参数为 μ,σ 的正态分布,求其数学期望 $E(X)$.

解 因为随机变量 X 的概率密度函数为

$$f(x) = \frac{1}{\sqrt{2\pi}\sigma} e^{-\frac{(x-\mu)^2}{2\sigma^2}}, \quad -\infty < x < +\infty,$$

所以 $\qquad E(X) = \displaystyle\int_{-\infty}^{+\infty} x f(x) \mathrm{d}x = \int_{-\infty}^{+\infty} x \frac{1}{\sqrt{2\pi}\sigma} e^{-\frac{(x-\mu)^2}{2\sigma^2}} \mathrm{d}x.$

令 $t = \dfrac{x-\mu}{\sigma}$,则有

$$E(X) = \frac{1}{\sqrt{2\pi}} \int_{-\infty}^{+\infty} (\mu + \sigma t) e^{-\frac{t^2}{2}} \mathrm{d}t = \frac{\mu}{\sqrt{2\pi}} \int_{-\infty}^{+\infty} e^{-\frac{t^2}{2}} \mathrm{d}t + \frac{\sigma}{\sqrt{2\pi}} \int_{-\infty}^{+\infty} t e^{-\frac{t^2}{2}} \mathrm{d}t = \mu.$$

从这个例子可以看出,正态分布 $N(\mu,\sigma^2)$ 中的参数 μ 是服从该分布的随机变量的数学期望.

特别地,当随机变量 $X \sim N(0,1)$ 时,$E(X) = 0$,即服从标准正态分布的随机变量 X 的数学期望为 0.

利用数学期望的定义,设以下随机变量的数学期望存在,则数学期望有如下常用性质:

性质 1 设 C 是常数,则有

$$E(C) = C.$$

性质 2 设 X 是一个随机变量,C 是常数,则有

$$E(CX) = CE(X).$$

性质 3 设 X,Y 是两个随机变量,则有

$$E(X+Y) = E(X) + E(Y).$$

性质 4 设 X 为随机变量,且 $a \leqslant X \leqslant b$,则

$$a \leqslant E(X) \leqslant b.$$

2.6.2 随机变量函数的数学期望

我们知道,随机变量的函数也是随机变量,求随机变量函数的数学期望也是实际

中经常遇到的问题. 例如飞机机翼受到压力 $F = kv^2$ 的作用,其中风速 v 是随机变量,k 是正值常数,要求 F 的数学期望.

一般地,若 X 是随机变量,要求随机变量函数 $Y = g(X)$ 的数学期望,根据前面所学知识,可以先根据 X 的分布确定 Y 的分布,再由数学期望定义计算其期望.但这种做法通常比较繁琐,下面的定理提供了更为简捷的计算方法.

定理 2.6.1 设 $y = g(x)$ 为连续函数,$Y = g(X)$ 为随机变量 X 的函数.

(1) 若 X 为离散型随机变量,其分布律为 $P\{X = x_k\} = p_k (k = 1, 2, \cdots)$,且级数 $\sum_{k=1}^{\infty} g(x_k) p_k$ 绝对收敛,则

$$E(Y) = E[g(X)] = \sum_{k=1}^{\infty} g(x_k) p_k. \tag{2.22}$$

(2) 若 X 为连续型随机变量,其概率密度函数为 $f(x)$,且无穷积分 $\int_{-\infty}^{+\infty} g(x) f(x) \mathrm{d}x$ 绝对收敛,则

$$E(Y) = E[g(X)] = \int_{-\infty}^{+\infty} g(x) f(x) \mathrm{d}x. \tag{2.23}$$

证明略.

例 2.6.8 按季节出售的某种应时商品,每售出 1 千克可获利 a 元,如到季末尚有剩余,则每千克净亏 b 元(a, b 均为已知常数). 市场调查显示,在季度内这种商品的销售量 X(以千克计)服从参数为 $\theta(\theta > 0$ 已知)的指数分布. 为使所获利润最大,商店应进多少千克该商品?

解 若购进 n 千克该商品,则获得的利润为

$$M = M(X) = \begin{cases} aX - b(n - X), & X < n, \\ an, & X \geqslant n. \end{cases}$$

而 X 的概率密度函数为

$$f(x) = \begin{cases} \dfrac{1}{\theta} \mathrm{e}^{-x/\theta}, & x > 0, \\ 0, & x \leqslant 0. \end{cases}$$

所获平均利润就是 M 的数学期望. 根据定理 2.6.1 得

$$E(M) = \int_{-\infty}^{+\infty} M(x) f(x) \mathrm{d}x = \int_{0}^{n} [ax - b(n - x)] \frac{1}{\theta} \mathrm{e}^{-x/\theta} \mathrm{d}x + \int_{n}^{+\infty} an \frac{1}{\theta} \mathrm{e}^{-x/\theta} \mathrm{d}x$$

$$= (a + b)\theta - (a + b)\theta \mathrm{e}^{-n/\theta} - bn.$$

由一元函数最值的求法,将上式对 n 求导,并令其结果为零,有

$$\frac{\mathrm{d}E(M)}{\mathrm{d}n} = (a + b) \mathrm{e}^{-n/\theta} - b = 0.$$

由此解得

$$n_0 = -\theta\ln\left(\frac{b}{a+b}\right),$$

又因
$$\left.\frac{\mathrm{d}^2 E(M)}{\mathrm{d}n^2}\right|_{n=n_0} = -\frac{1}{\theta}(a+b)\mathrm{e}^{-n_0/\theta} < 0,$$

所以,当 $n = n_0 = -\theta\ln\left(\frac{b}{a+b}\right)$ 时,平均利润取得极大值,也是最大值.

2.7　随机变量的方差、标准差和矩

随机变量的数学期望刻画了随机变量的集中趋势,但在许多实际问题中仅仅知道数学期望是不够的. 比如,假定甲、乙两位射手在同一条件下射击,所得环数 X 和 Y 是随机变量,并且具有如下的分布律:

X	6	7	8	9	10
p_k	0.1	0.2	0.4	0.2	0.1

Y	7	8	9
p_k	0.1	0.8	0.1

那么,甲、乙两位射手射击环数的数学期望分别为
$$E(X) = 6\times0.1 + 7\times0.2 + 8\times0.4 + 9\times0.2 + 10\times0.1 = 8,$$
$$E(Y) = 7\times0.1 + 8\times0.8 + 9\times0.1 = 8.$$

尽管甲、乙两位射手的平均射击环数都是 8 环,但两位射手的射击水平显然有所差别,因此仅有数学期望这一指标是不够的,需要引入新的指标来衡量射手的射击水平. 虽然两位射手的平均射击环数相等,但射击的稳定性却有差别,相比于甲射手,乙射手射击稳定性显然更高. 那么,如何从数学角度上准确刻画射击环数 X 的稳定性呢?

通常的想法是:谁命中的环数 X 与其平均环数 $E(X)$ 的偏差绝对值的平均值即 $E\{|X-E(X)|\}$ 越小, X 的值就越集中在平均值 $E(X)$ 附近,表明此射手发挥越稳定; $E\{|X-E(X)|\}$ 越大, X 的值在平均值 $E(X)$ 附近就越分散,表明此射手发挥越不稳定. 但由于 $E\{|X-E(X)|\}$ 带有绝对值,运算不方便,为方便起见,通常用 $E[(X-E(X))^2]$ 来刻画随机变量 X 取值在其平均值 $E(X)$ 附近的分散程度.

将上面的思路推广到一般的随机变量,也就有了方差的概念.

2.7.1　方差与标准差

本节介绍的方差和标准差是度量随机变量分散程度的最重要的数字特征.

定义 2.7.1　设 X 是一随机变量,若 $E[(X-E(X))^2]$ 存在,则称 $E[(X-$

$E(X))^2]$为 X 的方差,记为 $D(X)$或 $\mathrm{Var}(X)$,即

$$D(X) = \mathrm{Var}(X) = E[(X - E(X))^2]. \tag{2.24}$$

而称 $\sqrt{D(X)}$ 为随机变量 X 的**标准差**、**根方差**或**均方差**,记为 $\sigma(X)$.

随机变量 X 的方差 $D(X)$ 与标准差 $\sigma(X)$ 功能相似,都是刻画随机变量取值的分散程度的特征数. 方差与标准差越小,X 的取值关于数学期望 $E(X)$ 越集中;方差与标准差越大,X 的取值关于数学期望 $E(X)$ 越分散.

标准差与方差的差别主要在量纲上. 标准差与所讨论的随机变量、数学期望有相同的量纲;而方差的量纲却是随机变量或数学期望量纲的平方.

由定义知,方差 $D(X)$ 实际上就是随机变量 X 的函数 $g(X) = [X - E(X)]^2$ 的期望. 利用期望的性质,可以得到计算方差时常用的一个公式:

$$D(X) = E(X^2) - [E(X)]^2. \tag{2.25}$$

这是因为

$$\begin{aligned}
D(X) &= E[(X - E(X))^2] = E[X^2 - 2XE(X) + E(X)^2] \\
&= E(X^2) - 2E(X)E(X) + [E(X)]^2 \\
&= E(X^2) - [E(X)]^2.
\end{aligned}$$

例 2.7.1 设随机变量 X 服从 0-1 分布,其分布律为

$$P\{X = 0\} = 1 - p, \quad P\{X = 1\} = p.$$

求 $D(X)$.

解 由 2.6 节知 $E(X) = p$, $E(X^2) = 0^2 \cdot (1 - p) + 1^2 \cdot p = p$,

故 $$D(X) = E(X^2) - [E(X)]^2 = p - p^2 = p(1 - p).$$

例 2.7.2 设 $X \sim \pi(\lambda)$,求 $D(X)$.

解 X 的分布律为

$$P\{X = k\} = \frac{\lambda^k}{k!} \mathrm{e}^{-\lambda} \quad (k = 0, 1, 2, \cdots; \lambda > 0).$$

由例 2.6.3 知,$E(X) = \lambda$,而

$$\begin{aligned}
E(X^2) &= \sum_{k=0}^{\infty} k^2 \frac{\lambda^k}{k!} \mathrm{e}^{-\lambda} = \lambda \mathrm{e}^{-\lambda} \sum_{k=0}^{\infty} k \frac{\lambda^{k-1}}{(k-1)!} = \lambda \mathrm{e}^{-\lambda} \sum_{n=1}^{\infty} \frac{(n+1)\lambda^n}{n!} \\
&= \lambda^2 \mathrm{e}^{-\lambda} \sum_{n=1}^{\infty} \frac{\lambda^{n-1}}{(n-1)!} + \lambda = \lambda^2 + \lambda.
\end{aligned}$$

所以 $$D(X) = E(X^2) - [E(X)]^2 = \lambda^2 + \lambda - \lambda^2 = \lambda.$$

例 2.7.3 设 $X \sim b(n, p)$,求 $D(X)$.

解 由例 2.6.2 知,$E(X) = np$,又因为

$$\begin{aligned}
E(X^2) &= \sum_{k=0}^{n} k^2 C_n^k p^k (1 - p)^{n-k} = \sum_{k=1}^{n} (k - 1 + 1) k C_n^k p^k (1 - p)^{n-k} \\
&= \sum_{k=1}^{n} k(k - 1) C_n^k p^k (1 - p)^{n-k} + \sum_{k=1}^{n} k C_n^k p^k (1 - p)^{n-k}
\end{aligned}$$

$$= \sum_{k=1}^{n} k(k-1) C_n^k p^k (1-p)^{n-k} + np$$

$$= n(n-1) p^2 \sum_{k=2}^{n} C_{n-2}^{k-2} p^{k-2} (1-p)^{(n-2)-(k-2)} + np$$

$$= n(n-1) p^2 + np,$$

所以　　　$D(X) = E(X^2) - E^2(X) = n(n-1) p^2 + np - (np)^2 = np(1-p).$

例 2.7.4　设 $X \sim U(a,b)$，求 $D(X)$.

解　X 的概率密度函数为

$$f(x) = \begin{cases} \dfrac{1}{b-a}, & a < x < b, \\ 0, & \text{其他}. \end{cases}$$

由例 2.6.5 知，$E(X) = \dfrac{a+b}{2}$，而

$$E(X^2) = \int_{-\infty}^{+\infty} x^2 f(x) \mathrm{d}x = \int_a^b \frac{x^2}{b-a} \mathrm{d}x = \frac{a^2 + ab + b^2}{3}.$$

所以

$$D(X) = E(X^2) - E^2(X) = \frac{a^2 + ab + b^2}{3} - \left(\frac{a+b}{2} \right)^2 = \frac{(b-a)^2}{12}.$$

例 2.7.5　设随机变量 X 服从指数分布，其概率密度函数为

$$f(x) = \begin{cases} \dfrac{1}{\theta} \mathrm{e}^{-x/\theta}, & x > 0, \\ 0, & x \leqslant 0, \end{cases}$$

其中 $\theta > 0$，求 $D(X)$.

解　由例 2.6.6 知，$E(X) = \theta$，而

$$E(X^2) = \int_{-\infty}^{+\infty} x^2 f(x) \mathrm{d}x = \int_0^{+\infty} x^2 \cdot \frac{1}{\theta} \mathrm{e}^{-x/\theta} \mathrm{d}x$$

$$= -x^2 \mathrm{e}^{-x/\theta} \Big|_0^{+\infty} + \int_0^{+\infty} 2x \mathrm{e}^{-x/\theta} \mathrm{d}x = 2\theta^2.$$

所以　　　　　　　　$D(X) = E(X^2) - E^2(X) = 2\theta^2 - \theta^2 = \theta^2.$

例 2.7.6　设 $X \sim N(\mu, \sigma^2)$，求 $D(X)$.

解　由例 2.6.7 知，$E(X) = \mu$，而方差

$$D(X) = E[(X - E(X))^2] = \int_{-\infty}^{+\infty} (x - \mu)^2 f(x) \mathrm{d}x$$

$$= \frac{1}{\sqrt{2\pi}\sigma} \int_{-\infty}^{+\infty} (x - \mu)^2 \mathrm{e}^{-\frac{(x-\mu)^2}{2\sigma^2}} \mathrm{d}x,$$

令 $t = \dfrac{x - \mu}{\sigma}$，则

$$D(X) = \frac{\sigma^2}{\sqrt{2\pi}} \int_{-\infty}^{+\infty} t^2 e^{-\frac{t^2}{2}} dt = \frac{2\sigma^2}{\sqrt{2\pi}} \left(-t e^{-t^2/2} \Big|_0^{+\infty} + \int_0^{+\infty} e^{-\frac{t^2}{2}} dt \right)$$

$$= \frac{2\sigma^2}{\sqrt{2\pi}} \sqrt{\frac{\pi}{2}} = \sigma^2.$$

这样,正态分布 $N(\mu, \sigma^2)$ 中的两个参数 μ 和 σ 都有确切的含义,它们分别是随机变量的数学期望和方差,因而正态分布完全可由它的数学期望和方差所确定.

例 2.7.7　在通信中,一般的窄带噪声包络的瞬时值和一般的衰落信道的包络瞬时值,都是服从瑞利分布的随机变量,瑞利分布随机变量的概率密度函数为

$$f(x) = \begin{cases} \dfrac{x}{\theta^2} e^{-x^2/(2\theta^2)}, & x \geqslant 0, \\ 0, & x < 0, \end{cases}$$

其中,$\theta > 0$. 计算服从瑞利分布随机变量的数学期望和方差.

解　　　　　　　$$E(X) = \int_0^{+\infty} \frac{x^2}{\theta^2} e^{-x^2/(2\theta^2)} dx = \sqrt{\frac{\pi}{2}} \theta,$$

$$D(X) = \int_0^{+\infty} \left(x - \sqrt{\frac{\pi}{2}} \theta \right)^2 \frac{x}{\theta^2} e^{-x^2/(2\theta^2)} dx = \left(2 - \sqrt{\frac{\pi}{2}} \right) \theta^2.$$

由于方差本身也是数学期望,根据数学期望的性质可以推出方差有以下几个重要性质(假设方差存在).

性质 1　设 C 为常数,则 $D(C) = 0$.

性质 2　设 a, b 为常数,则有 $D(aX + b) = a^2 D(X)$.

证　(1) $D(C) = E\{[C - E(C)]^2\} = E[(C - C)^2] = 0$.

(2) $D(aX + b) = E\{[aX + b - E(aX + b)]^2\} = E\{a^2[X - E(X)]^2\} = a^2 D(X)$.

性质 3(切比雪夫不等式)　对任意的 $\varepsilon > 0$,若随机变量 X 的期望与方差均存在,则

$$P\{|X - E(X)| \geqslant \varepsilon\} \leqslant \frac{D(X)}{\varepsilon^2}. \tag{2.26}$$

此不等式称为**切比雪夫不等式**,其等价形式为

$$P\{|X - E(X)| < \varepsilon\} \geqslant 1 - \frac{D(X)}{\varepsilon^2}. \tag{2.27}$$

切比雪夫不等式给出了 $\{|X - E(X)| \geqslant \varepsilon\}$ 发生的概率的上界,这个上界与方差成正比,方差越大,上界也越大.

性质 4　$D(X) = 0$ 的充要条件是 X 几乎处处取常数 $E(X)$,即 $P\{X = E(X)\} = 1$

证明略.

例 2.7.8　设随机变量 X 的数学期望 $E(X)$ 与方差 $D(X)$ 均存在,且 $D(X) >$

0,令

$$X^* = \frac{X - E(X)}{\sqrt{D(X)}},$$

求 $E(X^*)$ 和 $D(X^*)$.

解　由数学期望与方差的性质,得

$$E(X^*) = E\left[\frac{X - E(X)}{\sqrt{D(X)}}\right] = \frac{E[X - E(X)]}{\sqrt{D(X)}} = \frac{E(X) - E(X)}{\sqrt{D(X)}} = 0,$$

$$D(X^*) = D\left[\frac{X - E(X)}{\sqrt{D(X)}}\right] = \frac{D[X - E(X)]}{D(X)} = \frac{D(X)}{D(X)} = 1.$$

一般地,称 X^* 为 X 的**标准化随机变量**,它是无量纲的随机变量.

2.7.2　随机变量的矩

矩也是随机变量的重要数字特征,在概率论与数理统计中有着广泛的应用.

定义 2.7.2　设 X 是随机变量,若 $E(X^k)(k=1,2,\cdots)$ 存在,则称它为 X 的 k 阶原点矩,记为 μ_k,即

$$\mu_k = E(X^k), \quad k = 1, 2, \cdots. \tag{2.28}$$

若 $E[(X - E(X))^k](k=2,3,\cdots)$ 存在,则称它为 X 的 **k 阶中心矩**,记为 ν_k,即

$$\nu_k = E[(X - E(X))^k], \quad k = 2, 3, \cdots. \tag{2.29}$$

由上述定义可见,数学期望、方差都是某种矩.数学期望 $E(X)$ 是 X 的一阶原点矩,方差 $D(X)$ 是 X 的二阶中心矩.

2.8　研讨专题

2.8.1　二战德军坦克数估计

在第二次世界大战的欧洲战场上,坦克是战争利器.一般情况下,一辆德国虎式坦克可以击毁盟军数十辆谢尔曼坦克.因而,一个对战争局势有重要影响的问题产生了:德军拥有多少辆坦克呢?

值得庆幸的是,盟军发现德国人在制造坦克时墨守成规:他们把坦克从 1 开始进行了连续编号.在战争过程中,盟军缴获了一些德军坦克,并记录了它们的生产编号.例如,缴获了 10 辆德军坦克,编号分别为:2,6,7,14,20,24,31,36,42,210.那

么,有没有一种数学方法,可以给出德军坦克总数的合理估计呢?

（一）理论分析

为使分析简单而形象,可假想一个摸球试验.假定一个箱中装有 N 个编号从 1 到 N 的球,令 X 表示采用有放回的随机抽样时,n 次抽取中所抽出的最大编号.

事件 $\{X \leqslant x\}$ 意味着所抽出的 n 个编号中每一个都小于等于实数 x,因此随机变量 X 的分布函数为

$$F(x) = P\{X \leqslant x\} = \left(\frac{x}{N}\right)^n,$$

所以 X 的分布律为

$$
\begin{aligned}
p_k = P\{X = k\} &= P\{X \leqslant k\} - P\{X \leqslant k-1\} \\
&= [k^n - (k-1)^n] N^{-n}.
\end{aligned}
$$

故 X 的数学期望为

$$
\begin{aligned}
E(X) = \sum_{k=1}^{N} k p_k &= N^{-n} \sum_{k=1}^{N} [k^{n+1} - (k-1)^{n+1} - (k-1)^n] \\
&= N^{-n} \left[N^{n+1} - \sum_{k=1}^{N} (k-1)^n \right].
\end{aligned}
$$

对于相当大的 N,上式中最后一个和近似地为四条曲线 $y = x^n, x = 0, x = N, y = 0$ 所围区域的面积,也就是

$$\sum_{k=1}^{N} (k-1)^n = \frac{N^{n+1}}{n+1}.$$

由此推出,对于相当大的 N,有

$$E(X) \approx \frac{n}{n+1} N,$$

因此

$$N \approx E(X) \cdot \frac{n+1}{n}.$$

而 $E(X)$ 可以使用 n 次抽取中出现的最大编号 x_{max} 作为合理估计,因此当 N 很大时,得到 N 的估计为

$$\hat{N} = \frac{n+1}{n} \cdot x_{max}.$$

使用上面的估计公式,容易由缴获的 10 辆坦克的编号,估计得到德军坦克的总数为

$$\hat{N} = \frac{n+1}{n} \cdot x_{max} = \frac{10+1}{10} \times 210 = 231.$$

（二）历史数据验证

上面介绍的估计方法真的可靠吗？

今天，我们可以使用历史数据来加以验证. 历史上，盟军的确使用这种方法，在不同时期对德军的坦克数量进行过估计. 同时，今天我们也可以得到德国生产坦克的记录信息，两者对比就可以验证上面的估计方法是否可靠. 具体数值见表 2.3.

表 2.3　二战估计德军某类坦克数

时　　间	统计估计	盟军情报	德军记录
1940 年 6 月	169	1000	122
1941 年 6 月	244	1550	271
1942 年 8 月	327	1550	342

从战后发现的德军记录来看，盟军的估计值非常接近所生产的坦克的真实值，更有趣的是这种统计估计比通常通过情报方式的估计要大大接近于真实数目. 统计学家做得比间谍更漂亮！

2.8.2　路灯更换问题

某路政部门负责一条街的路灯维护. 根据多年的经验，灯泡坏一个换一个的办法是不可取的. 路政部门采取整批更换的策略，即每到一定的周期，所有灯泡无论好坏全部更换. 如果出现一个灯泡不亮，管理部门就会按照折合计时对该路政部门进行罚款. 现在的问题是，多长时间进行一次灯泡的更换最合适，即确定最佳更换周期.

（一）理论分析

该问题的目标应是使得所需的总费用最小. 总费用包括更换灯泡的费用和罚款的费用两部分. 其中，更换灯泡的费用是确定的，罚款与灯泡的寿命有关，而灯泡的寿命是一个随机变量.

记灯泡总数为 K，更换周期为 T，假设每一个灯泡的更换费用是 a，则更换灯泡的费用为 Ka.

进一步，假设灯泡的寿命 X 服从参数为 θ 的指数分布，即 $X \sim e(\theta)$，管理部门对每个不亮灯泡单位时间（小时）的罚款为 b，则每个灯泡罚款为

$$g(X) = \begin{cases} (T-X)b, & X \leqslant T, \\ 0, & X > T. \end{cases}$$

所有灯泡总罚款费用的数学期望为

$$Kb\int_{-\infty}^{T}(T-x)p(x)\mathrm{d}x,$$

其中，$p(x)$ 为灯泡的寿命 X 的概率密度函数.

该问题的目标应当是单位时间内的平均费用最小，所以目标函数为

$$F(T) = \frac{Ka + Kb\int_{-\infty}^{T}(T-x)p(x)\mathrm{d}x}{T}.$$

为得到最佳更换周期 T，使 $F(T)$ 最小，令 $\dfrac{\mathrm{d}F}{\mathrm{d}T}=0$，得

$$\int_{-\infty}^{T}xp(x)\mathrm{d}x = \frac{a}{b}.$$

将指数分布的密度函数代入上式，得到

$$\int_{0}^{T}x\,\frac{1}{\theta}\mathrm{e}^{-x/\theta}\mathrm{d}x = \frac{a}{b}.$$

将上式化简得到

$$\mathrm{e}^{-\frac{T}{\theta}}(T+\theta)=\theta-\frac{a}{b}.$$

对于确定的 θ,a,b，通过求解上述方程即可得到最佳更换周期 T.

（二）Matlab 编程求解

理论分析最终给出的方程是一个超越方程，难于直接求解，但可以借助 Matlab 软件通过比较等式左右的大小，来寻找最佳更换周期 T. 下面举例用 Matlab 编程求解.

设某品牌灯泡寿命服从 $e(4000)$ 分布（单位：小时），每个灯泡的安装价格为 80 元，管理部门对每个不亮的灯泡制定的罚款费用为 0.05 元/时，试计算灯泡的最佳更换周期.

相应的 Matlab 程序代码如下：

```
a=80;b=0.05;
theta=4000;
aoverb=theata-a/b;
t= theta;
step=0.1;
var=0.01;
vp=exp(-t/theta) * (t+theta);
if vp>aoverb
```

```
    while (vp－aoverb)＞var;
        t＝t＋step;
        vp＝exp(－t/theta) * (t＋theta);
    end
  end
  if vp＜aoverb
    while (aoverb－vp)＞var;
        t＝t－step;
        vp＝exp(－t/theta) * (t＋theta);
    end
  end
  vp
  t
```

运行结果显示如下:

$$aoverb＝2400 \quad vp＝2400 \quad t＝5.5057e＋003.$$

最佳更换周期为 5505.7 小时.

本章主要术语的英汉对照表

随机变量	random variable
(累积)分布函数	(cumulative) distribution function
离散型分布	discrete distribution
分布律	probability function
连续型分布	continuous distribution
概率密度函数	probability density function
两点分布	two-point distribution
伯努利试验	Bernoulli trials
二项分布	binomial distribution
泊松分布	Poisson distribution
均匀分布	uniform distribution
指数分布	exponential distribution

续表

正态分布	normal distribution
数学期望	expectation
方差	variance
标准差	standard deviation
矩	moment

习　题　2

1. 一袋中装有 5 只乒乓球,编号为 $1,2,3,4,5$.现从袋中同时取出 3 只,分别以 X、Y 表示取出 3 只球中的最大号码与最小号码,写出随机变量 X 及 Y 的分布律.

2. 设随机变量 X 的概率分布律为 $P\{X=k\}=\dfrac{a}{N},k=1,2,\cdots,N$,求常数 a.

3. 掷一枚不均匀的硬币,出现正面的概率为 $p(0<p<1)$,设 X 为一直掷到正、反面都出现时所需的投掷次数,试求 X 的分布律.

4. 一大楼装有 5 台同类型的应急供电设备,调查表明在任意时刻 t 每台设备被使用的概率为 0.1,求在同一时刻,(1) 恰有 2 台设备被使用的概率;(2) 至少有 1 台设备被使用的概率;(3) 至少有 3 台设备被使用的概率;(4) 至多有 3 台设备被使用的概率.

5. 设三次独立试验中,事件 A 出现的概率相等,若已知 A 至少出现一次的概率为 $\dfrac{19}{27}$,求事件在一次试验中出现的概率 p.

6. 直线上有一质点,每经过一个单位时间,它分别以概率 p 及 $1-p$ 向右或左移动一格. 若该质点在时刻 0 从原点出发,而且每次移动是相互独立的,随机变量 X 表示在 n 次移动中向右移动的次数,试求 X 服从什么分布.

7. 甲、乙两人投篮,投中的概率分别为 0.6 和 0.7,现各投篮 3 次,试求:
(1) 两人投中的次数相等的概率;(2) 甲比乙投中的次数多的概率.

8. 设 X 服从泊松分布,且已知 $P\{X=1\}=P\{X=2\}$,求 $P\{X=4\}$.

9. 下列各函数中,哪个是某随机变量的分布函数.

(1) $F(x)=\dfrac{1}{1+x^2}$;　　　　　(2) $F(x)=\dfrac{\pi}{2}-\arctan x$;

(3) $F(x)=\begin{cases}0, & x<0,\\ \dfrac{x}{1+x}, & x\geqslant0;\end{cases}$　　(4) $F(x)=\begin{cases}0.5x, & x<0,\\ 0.8, & 0\leqslant x<1,\\ 1, & x\geqslant1.\end{cases}$

10. 设随机变量 X 的分布函数为

$$F(x) = \begin{cases} 0, & x \leqslant 1, \\ a\ln x, & 1 < x \leqslant e, \\ b, & x > e. \end{cases}$$

(1) 试确定常数 a, b；

(2) 求概率密度函数 $f(x)$；

(3) 求 $P\{X < 2\}$ 及 $P\{0 < X \leqslant 3\}$.

11. 设连续型随机变量 X 的概率密度函数为 $f(x) = \begin{cases} Ax^2, & 0 < x < 2, \\ 0, & \text{其他}, \end{cases}$ 求常数 A.

12. 设函数 $f(x)$ 在区间 $[a, b]$ 上等于 $\sin x$，而在此区间之外等于 0. 若 $f(x)$ 可以作为某连续型随机变量的概率密度函数，求区间 $[a, b]$.

13. 设随机变量 X 的概率密度函数为

$$f(x) = Ae^{-|x|}, \quad -\infty < x < +\infty.$$

试求：(1) 常数 A；　(2) $P\{0 < X < 1\}$；　(3) 分布函数 $F(x)$.

14. 设 K 在区间 $(0, 5)$ 内服从均匀分布，求方程 $4x^2 + 4Kx + K + 2 = 0$ 有实根的概率.

15. 研究了英格兰在 1875—1951 年间，在矿山发生导致 10 人或 10 人以上死亡事故的频繁程度，得知相继两次事故之间的时间 T（以日计）服从指数分布，其概率密度函数为

$$f_T(t) = \begin{cases} \dfrac{1}{241} e^{-\frac{t}{241}}, & t > 0, \\ 0, & \text{其他}. \end{cases}$$

求分布函数 $F_T(t)$，并求概率 $P\{50 < T < 100\}$.

16. 设 $X \sim N(3, 2^2)$. (1) 求 $P\{2 < X \leqslant 5\}, P\{-4 < X \leqslant 10\}, P\{|X| > 2\}, P\{X > 3\}$；
(2) 确定常数 c，使得 $P\{X > c\} = P\{X \leqslant c\}$；(3) 设 d 满足 $P\{X > d\} \geqslant 0.9$，问 d 至多为多少？

17. 由某机器生产的螺栓的长度（cm）服从参数 $\mu = 10.05, \sigma = 0.06$ 的正态分布，规定长度在范围 10.05 ± 0.12 内为合格品，求一螺栓为不合格品的概率.

18. 一工厂生产的某种元件的寿命 X（单位：小时）服从参数为 $\mu = 160, \sigma$ 的正态分布. 若要求 $P\{120 < X \leqslant 200\} \geqslant 0.80$，允许 σ 最大为多少？

19. 设随机变量 $X \sim N(\mu, \sigma^2)(\sigma > 0)$，且二次方程 $y^2 + 4y + X = 0$ 无实根的概率为 $\dfrac{1}{2}$，求 μ.

20. 设随机变量 X 的分布律为

X	-2	-1	0	1	3
p_k	$\dfrac{1}{5}$	$\dfrac{1}{6}$	$\dfrac{1}{5}$	$\dfrac{1}{15}$	$\dfrac{11}{30}$

求 $Y=X^2$ 的分布律.

21. 设随机变量 X 服从区间 $(0,1)$ 内的均匀分布.(1) 求 $Y=e^X$ 的概率密度函数；(2) 求 $Y=-2\ln X$ 的概率密度函数.

22. 设随机变量 $X\sim N(0,1)$.(1) 求 $Y=e^X$ 的概率密度函数；(2) 求 $Y=|X|$ 的概率密度函数；(3) 求 $Y=2X^2+1$ 的概率密度函数.

23. 一整数等可能地在 1 到 10 中取值,以 X 记除得尽这一整数的正整数的个数,求 $E(X)$.

24. 设随机变量 X 的分布律为

X	-2	0	2
p_k	0.4	0.3	0.3

求 $E(X),E(X^2),E(3X^2+5)$.

25. 设随机变量 X 的数学期望和方差分别为 $E(X)=10,D(X)=25$,且 $E(aX+b)=0,D(aX+b)=1,a>0$,求 a,b.

26. 设随机变量 X 的概率密度函数为 $f(x)=\begin{cases}1+x, & -1\leqslant x\leqslant 0, \\ 1-x, & 0<x\leqslant 1, \\ 0, & 其他,\end{cases}$ 求 $E(X)$ 和 $D(X)$.

27. 设随机变量 X 的概率密度函数为 $f(x)=\dfrac{1}{2}e^{-|x|}$, $-\infty<x<\infty$,求 $E(X)$ 和 $D(X)$.

28. 设 X 的概率密度函数为 $f(x)=\begin{cases}a+bx, & 0\leqslant x\leqslant 1, \\ 0, & 其他,\end{cases}$ 且已知 $E(X)=\dfrac{7}{12}$,求 $D(X)$.

29. 设随机变量 X 的分布函数为

$$F(x)=\begin{cases}0, & x<-1, \\ a+b\arcsin x, & -1\leqslant x\leqslant 1, \\ 1, & x>1,\end{cases}$$

试确定常数 a,b,并求其数学期望 $E(X)$ 与方差 $D(X)$.

30. 设随机变量 X 的方差为 2,试根据切比雪夫不等式估计概率的范围 $P\{|X-E(X)|\geqslant 2\}$.

第3章 多维随机变量及其分布

学习目标:通过本章学习,学员应了解多维随机变量的概念,理解二维随机变量的联合分布函数、联合分布律和联合分布密度的概念;了解边缘分布概念及其与联合分布的关系,掌握边缘分布律和边缘密度的计算方法;理解随机变量独立性的概念;了解协方差和相关系数的概念,并会计算协方差和相关系数.

上一章我们讨论了单个随机变量的情形,但在实际问题中,往往需要同时使用两个或多个随机变量来表示随机试验的结果. 比如,在打靶试验中,弹着点需要用两个随机变量(弹着点的横坐标和纵坐标)来表示;在风速测定的试验中,风速需要用三个随机变量(三维坐标分量)来描述. 并且,试验中随机变量之间往往存在着一定的联系,孤立地考察它们是不够的,必须把它们看成一个整体来研究其统计规律性. 这就引出了多维随机变量问题.

本章主要借助二维随机变量来讨论多维随机变量的分布、性质和数字特征.

3.1 二维随机变量

3.1.1 二维随机变量及其分布函数

定义 3.1.1 设随机试验 E 的样本空间 $\Omega=\{e\}$,$X=X(e)$、$Y=Y(e)$ 是定义在 Ω 上的随机变量,由它们构成的一个向量 (X,Y) 称为**二维随机向量**或**二维随机变量**.

二维随机变量 (X,Y) 的性质不仅与 X,Y 有关,而且还依赖于 X 与 Y 之间的相互关系. 因此,逐个研究 X 或 Y 的性质是不够的,还需要将 (X,Y) 看作一个整体进行研究.

与一维随机变量的情况类似,我们引进二维随机变量分布函数的概念.

定义 3.1.2 设 (X,Y) 是二维随机变量,对任意实数 x,y,二元函数

$$F(x,y)=P\{(X\leqslant x)\bigcap(Y\leqslant y)\}=P\{X\leqslant x,Y\leqslant y\} \tag{3.1}$$

称为二维随机变量(X,Y)的**分布函数**,或称为随机变量X和Y的**联合分布函数**.

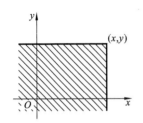

图 3.1 分布函数 $F(x,y)$ 的几何解释

借助几何来解释,二维随机变量(X,Y)的分布函数$F(x,y)$在(x,y)处的函数值就是随机点(X,Y)落在点(x,y)的左下方的无穷矩形域内的概率,如图 3.1 所示.

与一维随机变量的分布函数$F(x)$性质类似,二维随机变量分布函数$F(x,y)$具有以下的基本性质:

(1) 对任意给定的$y,F(x,y)$是关于x的单调递增函数;对任意给定的$x,F(x,y)$是关于y的单调递增函数.

(2) 对任意的x,y,有$0\leqslant F(x,y)\leqslant1$,且

$$F(-\infty,y)=\lim_{x\to-\infty}F(x,y)=0,$$

$$F(x,-\infty)=\lim_{y\to-\infty}F(x,y)=0,$$

$$F(-\infty,-\infty)=\lim_{x,y\to-\infty}F(x,y)=0,$$

$$F(+\infty,+\infty)=\lim_{x,y\to+\infty}F(x,y)=1.$$

(3) 对给定的$x_0,F(x_0,y)$是右连续的,即$\lim\limits_{y\to y_0+}F(x_0,y)=F(x_0,y_0)$;对给定的$y_0,F(x,y_0)$也是右连续的,即$\lim\limits_{x\to x_0+}F(x,y_0)=F(x_0,y_0)$.

(4) 对于任意的$(x_1,y_1),(x_2,y_2),x_1<x_2,y_1<y_2$,有

$$P\{x_1<X\leqslant x_2,y_1<Y\leqslant y_2\}$$
$$=F(x_2,y_2)-F(x_2,y_1)-F(x_1,y_2)+F(x_1,y_1)\geqslant0.$$

3.1.2　二维离散型随机变量及其分布律

如果二维随机变量(X,Y)全部可能取到的值是有限对或可列对,则称(X,Y)为**二维离散型的随机变量**.

定义 3.1.3　设二维离散型随机变量(X,Y)全部可能取值为$(x_i,y_j)(i,j=1,2,\cdots)$,则称

$$P\{X=x_i,Y=y_j\}=p_{ij}\quad(i,j=1,2,\cdots) \tag{3.2}$$

为二维离散型随机变量(X,Y)的**分布律**,或随机变量X和Y的**联合分布律**.

根据概率的定义和性质,有

$$p_{ij}\geqslant0,\quad\sum_{i,j=1}^{+\infty}p_{ij}=\sum_{i=1}^{+\infty}\sum_{j=1}^{+\infty}p_{ij}=1.$$

随机变量X和Y的联合分布律也可以用如下表格来表示:

Y X	y_1	y_2	...	y_j	...
x_1	p_{11}	p_{12}	...	p_{1j}	...
x_2	p_{21}	p_{22}	...	p_{2j}	...
⋮	⋮	⋮		⋮	
x_i	p_{i1}	p_{i2}	...	p_{ij}	...
⋮	⋮	⋮		⋮	

例 3.1.1 设随机变量 X 在 1,2,3,4 这四个整数中等可能地取一个数,另一个随机变量 Y 在 $1\sim X$ 中等可能地取一个整数,试求 (X,Y) 的分布律.

解 根据概率乘法公式得 (X,Y) 的分布律为

$$P\{X=i,Y=j\}=P\{X=i\}P\{Y=j\,|\,X=i\}$$

$$=\begin{cases} \dfrac{1}{4}\times\dfrac{1}{i}, & i=1,2,3,4, \quad j\leqslant i, \\ 0, & i=1,2,3,4, \quad j>i. \end{cases}$$

于是,(X,Y) 的分布律可表示为下表形式:

Y X	1	2	3	4
1	1/4	0	0	0
2	1/8	1/8	0	0
3	1/12	1/12	1/12	0
4	1/16	1/16	1/16	1/16

由联合分布函数的定义知,离散型随机变量 X 和 Y 的联合分布函数为

$$F(x,y)=\sum_{x_i\leqslant x}\sum_{y_j\leqslant y}p_{ij},$$

其中和式表示对一切满足 $x_i\leqslant x,y_j\leqslant y$ 的 i,j 求和.

3.1.3　二维连续型随机变量及其概率密度

定义 3.1.4 如果二维随机变量 (X,Y) 满足:存在非负的函数 $f(x,y)$ 使对于任意 x,y 有

$$F(x,y)=P\{X\leqslant x,Y\leqslant y\}=\int_{-\infty}^{y}\int_{-\infty}^{x}f(x,y)\mathrm{d}x\mathrm{d}y, \tag{3.3}$$

则称 (X,Y) 是**连续型的二维随机变量**,称函数 $f(x,y)$ 为**二维随机变量** (X,Y) 的**概率**

密度,或随机变量 X 和 Y 的**联合概率密度**.

按照定义,概率密度 $f(x,y)$ 具有以下性质:

(1) $f(x,y) \geqslant 0$;

(2) $\int_{-\infty}^{+\infty} \int_{-\infty}^{+\infty} f(x,y) \mathrm{d}x\mathrm{d}y = F(+\infty, +\infty) = 1$;

(3) 设 G 是平面 xOy 上的区域,点 (X,Y) 落在 G 内的概率为

$$P\{(X,Y) \in G\} = \iint\limits_{(x,y) \in G} f(x,y) \mathrm{d}x\mathrm{d}y \ ;$$

(4) 在 $f(x,y)$ 的连续点 (x,y) 处,有

$$f(x,y) = \frac{\partial^2 F(x,y)}{\partial x \partial y}.$$

性质(1)、(2)是概率密度的基本性质,且任何满足性质(1)、(2)的二元实函数 $f(x,y)$ 都可作为某个二维随机变量的概率密度.

根据性质(4),在 $f(x,y)$ 的连续点 (x,y) 处,有

$$\lim_{\substack{\Delta x \to 0^+ \\ \Delta y \to 0^+}} \frac{P\{x < X \leqslant x+\Delta x, y < Y \leqslant y+\Delta y\}}{\Delta x \Delta y}$$

$$= \lim_{\substack{\Delta x \to 0^+ \\ \Delta y \to 0^+}} \frac{F(x+\Delta x, y+\Delta y) - F(x+\Delta x, y) - F(x, y+\Delta y) + F(x,y)}{\Delta x \Delta y}$$

$$= \frac{\partial^2 F(x,y)}{\partial x \partial y} = f(x,y),$$

这表明当 $\Delta x, \Delta y$ 很小时,

$$P\{x < X \leqslant x+\Delta x, y < Y \leqslant y+\Delta y\} \approx f(x,y)\Delta x \Delta y,$$

即随机点 (X,Y) 落在小长方形 $(x, x+\Delta x] \times (y, y+\Delta y]$ 区域内的概率近似等于 $f(x,y)\Delta x \Delta y$.

在几何上 $z = f(x,y)$ 表示空间的一个曲面. 由性质(2)知,介于它和平面 xOy 的空间区域的体积为 1. 由性质(3)知,$P\{(X,Y) \in G\}$ 的值等于以 G 为底、以曲面 $z = f(x,y)$ 为顶面的曲顶柱体的体积.

例 3.1.2 设 D 是平面上的有界区域,其面积为 A. 若二维随机变量 (X,Y) 具有概率密度

$$f(x,y) = \begin{cases} \dfrac{1}{A}, & (x,y) \in D, \\ 0, & \text{其他}, \end{cases}$$

则称 (X,Y) 在 D 上服从**均匀分布**. 现设二维随机变量 (X,Y) 在区域 $D = \{(x,y) | 0 < x < 1, 0 < y < 1\}$ 内服从均匀分布,求:(1) X 与 Y 的联合分布函数;(2) $P\{Y \leqslant X\}$.

解 (1) 依题意,(X,Y) 的概率密度

$$f(x,y)=\begin{cases}1, & 0<x<1,0<y<1,\\ 0, & \text{其他}.\end{cases}$$

按 (X,Y) 的取值边界 $x=0,x=1,y=0,y=1$，把平面 xOy 划分为 5 个区域，如图 3.2 所示. 由式(3.3)，可得

$$F(x,y)=\int_{-\infty}^{x}\int_{-\infty}^{y}0\mathrm{d}x\mathrm{d}y=0\quad(x<0\ \text{或}\ y<0),$$

$$F(x,y)=\int_{0}^{x}\int_{0}^{y}1\mathrm{d}x\mathrm{d}y=xy\quad(0\leqslant x<1,0\leqslant y<1),$$

$$F(x,y)=\int_{0}^{x}\int_{0}^{1}1\mathrm{d}x\mathrm{d}y=x\quad(0\leqslant x<1,y\geqslant1),$$

$$F(x,y)=\int_{0}^{1}\int_{0}^{y}1\mathrm{d}x\mathrm{d}y=y\quad(x\geqslant1,0\leqslant y<1),$$

$$F(x,y)=\int_{0}^{1}\int_{0}^{1}1\mathrm{d}x\mathrm{d}y=1\quad(x\geqslant1,y\geqslant1).$$

综合得

$$F(x,y)=\begin{cases}0, & x<0\ \text{或}\ y<0,\\ xy, & 0\leqslant x<1,0\leqslant y<1,\\ x, & 0\leqslant x<1,y\geqslant1,\\ y, & x\geqslant1,0\leqslant y<1,\\ 1, & x\geqslant1,y\geqslant1.\end{cases}$$

（2）将 (X,Y) 看作是平面上随机点的坐标，则

$$\{Y\leqslant X\}=\{(X,Y)\in G\},$$

其中 G 为平面 xOy 上直线 $y=x$ 及其下方的阴影部分，如图 3.3 所示. 于是

$$P\{Y\leqslant X\}=P\{(X,Y)\in G\}=\iint\limits_{G}f(x,y)\mathrm{d}x\mathrm{d}y$$

$$=\int_{0}^{1}\int_{y}^{1}1\mathrm{d}x\mathrm{d}y=\frac{1}{2}.$$

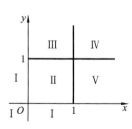

图 3.2 平面 xOy 划分图

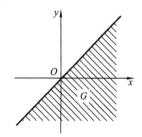

图 3.3 平面区域 G 示意图

3.2　边缘分布和随机变量的独立性

3.2.1　边缘分布

二维随机变量(X,Y)作为一个整体,具有分布函数 $F(x,y)$,而若将 X,Y 分别单独分析,它们各自也是随机变量,拥有其自身的分布函数,将它们分别记为 $F_X(x)$ 和 $F_Y(y)$,依次称为随机变量(X,Y)关于 X 和关于 Y 的**边缘分布函数**.

边缘分布函数可由(X,Y)的分布函数 $F(x,y)$ 所确定,事实上,

$$F_X(x)=P\{X\leqslant x\}=P\{X\leqslant x,Y<+\infty\}=F(x,+\infty). \tag{3.4}$$

也就是说,通过在函数 $F(x,y)$ 中令 $y\rightarrow+\infty$ 可以得到 $F_X(x)$. 类似地,

$$F_Y(y)=P\{Y\leqslant y\}=P\{X<+\infty,Y\leqslant y\}=F(+\infty,y). \tag{3.5}$$

(一) 二维离散型随机变量的边缘分布

对于二维离散型随机变量(X,Y),X 和 Y 亦均为一维离散型随机变量,称它们各自的分布律分别为(X,Y)关于 X 和关于 Y 的**边缘分布律**.

设二维离散型随机变量(X,Y)的分布律

$$P\{X=x_i,Y=y_j\}=p_{ij},\quad i,j=1,2,\cdots,$$

则由一维离散型随机变量分布律的定义和概率的性质,可得

$$P\{X=x_i\}=\sum_{j=1}^{+\infty}P\{X=x_i,Y=y_j\}=\sum_{j=1}^{+\infty}p_{ij},\quad i=1,2,\cdots. \tag{3.6}$$

同理可得

$$P\{Y=y_j\}=\sum_{i=1}^{+\infty}P\{X=x_i,Y=y_j\}=\sum_{i=1}^{+\infty}p_{ij},\quad j=1,2,\cdots. \tag{3.7}$$

记　　　　　　$$p_{i\cdot}=P\{X=x_i\}=\sum_{j=1}^{+\infty}p_{ij},\quad i=1,2,\cdots,$$

$$p_{\cdot j}=P\{Y=y_j\}=\sum_{i=1}^{+\infty}p_{ij},\quad j=1,2,\cdots,$$

则 $p_{i\cdot}$ 和 $p_{\cdot j}(i,j=1,2,\cdots)$分别为$(X,Y)$关于 X 和关于 Y 的边缘分布律.

例 3.2.1　设袋中装有白球 2 个及黑球 3 个,定义随机变量

$$X=\begin{cases}1,&第\ 1\ 次摸出白球,\\0,&第\ 1\ 次摸出黑球;\end{cases}\qquad Y=\begin{cases}1,&第\ 2\ 次摸出白球,\\0,&第\ 2\ 次摸出黑球.\end{cases}$$

试求采用有放回摸球方式下,(X,Y)的分布律和(X,Y)关于 X,Y 的边缘分布.

解　依题意知,(X,Y)所有可能的取值为$(0,0),(0,1),(1,0),(1,1)$.因为

$$P\{X=0,Y=0\}=\frac{C_3^1}{C_5^1}\cdot\frac{C_3^1}{C_5^1}=\frac{9}{25}, \quad P\{X=0,Y=1\}=\frac{C_3^1}{C_5^1}\cdot\frac{C_2^1}{C_5^1}=\frac{6}{25},$$

$$P\{X=1,Y=0\}=\frac{C_2^1}{C_5^1}\cdot\frac{C_3^1}{C_5^1}=\frac{6}{25}, \quad P\{X=1,Y=1\}=\frac{C_2^1}{C_5^1}\cdot\frac{C_2^1}{C_5^1}=\frac{4}{25},$$

可得 X 和 Y 的联合分布律如下表所示:

X \ Y	0	1
0	9/25	6/25
1	6/25	4/25

又由上表可知

$$P\{X=0\}=P\{X=0,Y=0\}+P\{X=0,Y=1\}=\frac{9}{25}+\frac{6}{25}=\frac{3}{5},$$

$$P\{X=1\}=P\{X=1,Y=0\}+P\{X=1,Y=1\}=\frac{6}{25}+\frac{4}{25}=\frac{2}{5}.$$

于是(X,Y)关于 X 的边缘分布律为

X	0	1
p	3/5	2/5

同样可得(X,Y)关于 Y 的边缘分布律为

Y	0	1
p	3/5	2/5

从式(3.6)和式(3.7)不难看出,二维离散型随机变量的边缘分布律实质上可以通过在联合分布律表中将一行或一列元素相加得到. 比如在例 3.2.1 中,将联合分布律表格中各行内元素相加,即得关于 X 的边缘分布律 $p_i.(i=1,2)$;将各列内元素相加,即得关于 Y 的边缘分布律 $p_{.j}(j=1,2)$.

(二) 二维连续型随机变量的边缘分布

如果(X,Y)是连续型的随机变量,具有概率密度 $f(x,y)$,则由式(3.4)可知

$$F_X(x)=F(x,+\infty)=\int_{-\infty}^x dx\int_{-\infty}^{+\infty}f(x,y)dy,$$

从而易得,X 亦为连续型的随机变量,且其概率密度为

$$f_X(x) = \int_{-\infty}^{+\infty} f(x,y)\mathrm{d}y. \tag{3.8}$$

同理可得, Y 也是连续型的随机变量, 其概率密度为

$$f_Y(y) = \int_{-\infty}^{+\infty} f(x,y)\mathrm{d}x. \tag{3.9}$$

我们分别称 $f_X(x)$ 和 $f_Y(y)$ 为 (X,Y) 关于 X 和关于 Y 的**边缘概率密度**.

例 3.2.2　设二维随机变量 (X,Y) 的概率密度为

$$f(x,y) = \frac{1}{2\pi\sigma_1\sigma_2\sqrt{1-\rho^2}}\exp\left\{-\frac{1}{2(1-\rho^2)}\left[\frac{(x-\mu_1)^2}{\sigma_1^2} - 2\rho\frac{(x-\mu_1)(y-\mu_2)}{\sigma_1\sigma_2} + \frac{(y-\mu_2)^2}{\sigma_2^2}\right]\right\},$$

其中 $\mu_1, \mu_2, \sigma_1, \sigma_2, \rho$ 是常数, 且 $\sigma_1 > 0, \sigma_2 > 0, -1 < p < 1$, 则称其服从参数为 $\mu_1, \mu_2,$ σ_1, σ_2, ρ 的**二维正态分布**, 记为 $(X,Y) \sim N(\mu_1, \mu_2, \sigma_1^2, \sigma_2^2, \rho)$.

试求二维正态随机变量的边缘概率密度.

解　由于

$$\frac{(y-\mu_2)^2}{\sigma_2^2} - 2\rho\frac{(x-\mu_1)(y-\mu_2)}{\sigma_1\sigma_2} = \left(\frac{y-\mu_2}{\sigma_2} - \rho\frac{x-\mu_1}{\sigma_1}\right)^2 - \rho^2\frac{(x-\mu_1)^2}{\sigma_1^2},$$

于是

$$f_X(x) = \int_{-\infty}^{+\infty} f(x,y)\mathrm{d}y = \frac{1}{2\pi\sigma_1\sigma_2\sqrt{1-\rho^2}}\mathrm{e}^{-\frac{(x-\mu_1)^2}{2\sigma_1^2}} \cdot \int_{-\infty}^{+\infty}\mathrm{e}^{-\frac{1}{2(1-\rho^2)}\left(\frac{y-\mu_2}{\sigma_2} - \rho\frac{x-\mu_1}{\sigma_1}\right)^2}\mathrm{d}y.$$

令 $t = \frac{1}{\sqrt{1-\rho^2}}\left(\frac{y-\mu_2}{\sigma_2} - \rho\frac{x-\mu_1}{\sigma_1}\right)$, 则

$$f_X(x) = \frac{1}{2\pi\sigma_1}\mathrm{e}^{-\frac{(x-\mu_1)^2}{2\sigma_1^2}} \cdot \int_{-\infty}^{+\infty}\mathrm{e}^{-\frac{t^2}{2}}\mathrm{d}t = \frac{1}{\sqrt{2\pi}\sigma_1}\mathrm{e}^{-\frac{(x-\mu_1)^2}{2\sigma_1^2}}, \quad -\infty < x < \infty.$$

同理　　　　　　　$$f_Y(y) = \frac{1}{\sqrt{2\pi}\sigma_2}\mathrm{e}^{-\frac{(y-\mu_2)^2}{2\sigma_2^2}}, \quad -\infty < y < \infty.$$

由此可见, 二维正态分布 $N(\mu_1, \mu_2, \sigma_1^2, \sigma_2^2, \rho)$ 的边缘分布分别为 $N(\mu_1, \sigma_1^2)$ 和 $N(\mu_2, \sigma_2^2)$, 均为一维正态分布, 且不依赖于参数 ρ.

这一事实表明: 由 X 与 Y 的联合分布可以确定其边缘分布; 但反过来, 由边缘分布通常是无法确定 X 与 Y 的联合分布的. 原因在于: (X,Y) 的联合分布中不仅包含了 X 与 Y 各自作为单个随机变量的信息, 而且包含了描述 X 与 Y 相互关系的信息, 而这是它的边缘分布所不能提供的.

那么, 在什么条件下, 可以由边缘分布完全确定联合分布呢? 为解决该问题, 我们在随机事件独立性的基础上引入随机变量独立性的概念.

3.2.2　随机变量的独立性

定义 3.2.1　设 $F(x,y)$ 及 $F_X(x), F_Y(y)$ 分别是二维随机变量 (X,Y) 的分布函

数及边缘分布函数. 若对所有 x, y, 有

$$P\{X \leqslant x, Y \leqslant y\} = P\{X \leqslant x\} P\{Y \leqslant y\},$$

即

$$F(x, y) = F_X(x) F_Y(y), \tag{3.10}$$

则称随机变量 X 和 Y 是相互独立的.

式(3.10)表明,当 X 与 Y 相互独立时,从 X 与 Y 的边缘分布可以完全确定它们的联合分布.

当 (X, Y) 为离散型随机变量时, X 和 Y 相互独立的条件式(3.10)等价于:对 (X, Y) 所有可能的取值 (x_i, y_j), 有

$$P\{X = x_i, Y = y_j\} = P\{X = x_i\} P\{Y = y_j\}. \tag{3.11}$$

当 (X, Y) 为连续型随机变量时, X 和 Y 相互独立的条件式(3.10)等价于:等式

$$f(x, y) = f_X(x) f_Y(y) \tag{3.12}$$

在平面上几乎处处成立.

实际应用中,式(3.11)和式(3.12)比式(3.10)使用起来更方便.

例 3. 2. 3　设离散型随机变量 X 与 Y 的联合分布律为

X \ Y	-1	0	2
$-1/2$	2/20	1/20	2/20
1	2/20	1/20	2/20
$1/2$	4/20	2/20	4/20

试问 X 与 Y 是否相互独立?

解　X 与 Y 的边缘分布律分别为

X	$-1/2$	1	$1/2$
$p_i.$	1/4	1/4	1/2

Y	-1	0	2
$p._j$	2/5	1/5	2/5

逐一验证可知, $p_{ij} = p_i. \cdot p._j (i = 1, 2, 3; j = 1, 2, 3)$, 从而 X 与 Y 是相互独立的.

例 3. 2. 4　甲、乙两人约定中午 12:30 在某地会面. 若甲到达的时间在 12:15~12:45 之间是均匀分布的,乙到达的时间在 12:00~13:00 之间是均匀分布的,且他们到达的时间相互独立. 试求先到的人等待另一人达到的时间不超过 5 分钟的概率. 另外,甲先到的概率是多少?

解　设 X 为甲到达时刻, Y 为乙到达时刻,以 12 时为起点,以分钟为单位,依题

意,$X \sim U(15,45)$,$Y \sim U(0,60)$,即有

$$f_X(x) = \begin{cases} 1/30, & 15<x<45, \\ 0, & \text{其他}; \end{cases} \qquad f_Y(y) = \begin{cases} 1/60, & 0<y<60, \\ 0, & \text{其他}. \end{cases}$$

由 X 与 Y 的独立性知,(X,Y) 的概率密度

$$f(x,y) = \begin{cases} 1/1800, & 15<x<45, 0<y<60, \\ 0, & \text{其他}. \end{cases}$$

先到的人等待另一人到达的时间不超过 5 分钟的概率为 $P\{|X-Y| \leqslant 5\}$.因此,由二维随机变量概率密度函数的性质可得

$$P\{|X-Y| \leqslant 5\} = P\{-5 \leqslant X-Y \leqslant 5\} = \int_{15}^{45}\left[\int_{x-5}^{x+5} \frac{1}{1800} \mathrm{d}y\right]\mathrm{d}x = \frac{1}{6}.$$

同理,甲先到的概率

$$P\{X<Y\} = \int_{15}^{45}\left[\int_{x}^{60} \frac{1}{1800} \mathrm{d}y\right]\mathrm{d}x = \frac{1}{2}.$$

3.3 二维随机变量函数的分布

在第 2 章中,我们已讨论了一维随机变量函数的分布情况,本节将类似地讨论二维随机变量函数的分布问题.

如何求二维随机变量函数的分布呢?

对于离散型随机变量,只需按照分布律的定义进行求解,此处不再赘述.

对于连续型随机变量,通常可尝试下述思路:从随机变量分布函数入手,结合概率密度函数的性质(3),建立分布函数的表达式,再根据实际情况,通过求导得到概率密度的表达式.

具体来说,设二维连续型随机变量 (X,Y) 的概率密度为 $f(x,y)$,而 $Z=g(X,Y)$ 是 (X,Y) 的函数,为连续型随机变量.为求 Z 的概率密度,可先给出 Z 的分布函数的表达式,即

$$F_Z(z) = P\{Z \leqslant z\} = P\{g(X,Y) \leqslant z\} = P\{(X,Y) \in D\} = \iint_D f(x,y)\mathrm{d}x\mathrm{d}y,$$

其中,$D=\{(x,y) \mid g(x,y) \leqslant z\}$.从而,对几乎所有的 z,有 $Z=g(X,Y)$ 的概率密度为

$$f_Z(z) = F'(z).$$

下面,我们介绍几个具体函数的分布.

(一)$Z=X+Y$ 的分布

设二维随机变量 (X,Y) 的概率密度为 $f(x,y)$,则 $Z=X+Y$ 的分布函数为

$$F_Z(z) = P\{Z \leqslant z\} = \iint\limits_D f(x,y)\mathrm{d}x\mathrm{d}y = \int_{-\infty}^{+\infty}\left[\int_{-\infty}^{z-y} f(x,y)\mathrm{d}x\right]\mathrm{d}y,$$

这里积分区域 $D = \{(x,y)|x+y \leqslant z\}$，如图 3.4 所示.

固定 z 和 y，对 $\int_{-\infty}^{z-y} f(x,y)\mathrm{d}x$ 作变量替换，令 $x+y=u$，得

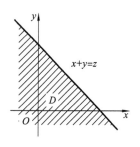

$$\int_{-\infty}^{z-y} f(x,y)\mathrm{d}x = \int_{-\infty}^{z} f(u-y,y)\mathrm{d}u,$$

于是　　　　$$F_Z(z) = \int_{-\infty}^{+\infty}\left[\int_{-\infty}^{z} f(u-y,y)\mathrm{d}u\right]\mathrm{d}y$$

$$= \int_{-\infty}^{z}\left[\int_{-\infty}^{+\infty} f(u-y,y)\mathrm{d}y\right]\mathrm{d}u.$$

图 3.4　积分区域 D 示意图

由概率密度定义，得 Z 的概率密度为

$$f_Z(z) = F_Z'(z) = \int_{-\infty}^{+\infty} f(z-y,y)\mathrm{d}y. \tag{3.13}$$

由 X 和 Y 对称性，又可得

$$f_Z(z) = \int_{-\infty}^{+\infty} f(x,z-x)\mathrm{d}x. \tag{3.14}$$

以上两式是两个随机变量和的概率密度的一般计算公式.

特别地，当 X 和 Y 相互独立时，有

$$f_Z(z) = \int_{-\infty}^{+\infty} f_X(z-y)f_Y(y)\mathrm{d}y = \int_{-\infty}^{+\infty} f_X(x)f_Y(z-x)\mathrm{d}x, \tag{3.15}$$

其中，$f_X(x)$，$f_Y(y)$ 分别是 (X,Y) 关于 X,Y 的边缘概率密度.

通常称式(3.15)为 f_X 和 f_Y 的**卷积公式**，记为 $f_X(z) * f_Y(z)$.

例 3.3.1　设 (X,Y) 具有概率密度

$$f(x,y) = \begin{cases} 1, & 0<x<1, 0<y<2(1-x), \\ 0, & \text{其他.} \end{cases}$$

求 $Z=X+Y$ 的概率密度 $f_Z(Z)$.

解　由式(3.14)可得，Z 的概率密度为

$$f_Z(z) = \int_{-\infty}^{+\infty} f(x,z-x)\mathrm{d}x,$$

由 $f(x,y)$ 的表达式知，当且仅当

$$\begin{cases} 0<x<1, \\ 0<z-x<2(1-x), \end{cases} \qquad 即 \qquad \begin{cases} 0<x<1, \\ z>x, \\ z<2-x \end{cases}$$

时，上述积分的被积函数不等于零，如图 3.5 所示. 从而易得：

当 $0<z<1$ 时，

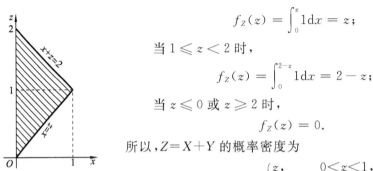

图 3.5　概率密度取值示意图

$$f_Z(z) = \int_0^z 1 \mathrm{d}x = z;$$

当 $1 \leqslant z < 2$ 时，

$$f_Z(z) = \int_0^{2-z} 1 \mathrm{d}x = 2-z;$$

当 $z \leqslant 0$ 或 $z \geqslant 2$ 时，

$$f_Z(z) = 0.$$

所以，$Z = X + Y$ 的概率密度为

$$f_Z(z) = \begin{cases} z, & 0 < z < 1, \\ 2-z, & 1 \leqslant z < 2, \\ 0, & \text{其他.} \end{cases}$$

例 3.3.2　设两随机变量 X 与 Y 是相互独立的，$X, Y \sim N(0,1)$，求 $Z = X + Y$ 的概率密度.

解　由 $X, Y \sim N(0,1)$ 可知，其概率密度分别为

$$f_X(x) = \frac{1}{\sqrt{2\pi}} \mathrm{e}^{-\frac{x^2}{2}}, \quad -\infty < x < +\infty;$$

$$f_Y(y) = \frac{1}{\sqrt{2\pi}} \mathrm{e}^{-\frac{y^2}{2}}, \quad -\infty < y < +\infty.$$

因为 X 与 Y 相互独立，故由式 (3.15) 得 Z 的概率密度为

$$f_Z(z) = \int_{-\infty}^{+\infty} f_X(x) f_Y(z-x) \mathrm{d}x = \frac{1}{2\pi} \int_{-\infty}^{+\infty} \mathrm{e}^{-\frac{x^2}{2}} \cdot \mathrm{e}^{-\frac{(z-x)^2}{2}} \mathrm{d}x$$

$$= \frac{1}{2\pi} \mathrm{e}^{-\frac{z^2}{4}} \int_{-\infty}^{+\infty} \mathrm{e}^{-\left(x-\frac{z}{2}\right)^2} \mathrm{d}x = \frac{1}{2\sqrt{\pi}} \mathrm{e}^{-\frac{z^2}{4}},$$

即 $Z \sim N(0,2)$.

例 3.3.2 的结果，可以进一步推广.

设 X, Y 相互独立，且 $X \sim N(\mu_1, \sigma_1^2)$，$Y \sim N(\mu_2, \sigma_2^2)$，则 $Z = X + Y$ 服从正态分布，且 $Z \sim N(\mu_1 + \mu_2, \sigma_1^2 + \sigma_2^2)$.

用数学归纳法还可把结果推广到 n 个独立正态随机变量之和的情形，即若 X_i 相互独立，且

$$X_i \sim N(\mu_i, \sigma_i^2), \quad i = 1, 2, \cdots, n,$$

则 $Z = \sum_{i=1}^n X_i$ 服从正态分布，且 $Z \sim N\left(\sum_{i=1}^n \mu_i, \sum_{i=1}^n \sigma_i^2\right)$.

（二）$Z = \max\{X, Y\}$ 及 $Z = \min\{X, Y\}$ 的分布

设 X 和 Y 是两个相互独立的随机变量，其分布函数分别为 $F_X(x)$ 和 $F_Y(y)$. 现

在,我们来讨论 $Z_1 = \max\{X,Y\}$ 及 $Z_2 = \min\{X,Y\}$ 的分布函数.

对于任意给定的实数 z,$Z_1 = \max\{X,Y\}$ 不大于 z 等价于 X 和 Y 都不大于 z,从而

$$P\{Z_1 \leqslant z\} = P\{X \leqslant z, Y \leqslant z\}.$$

又因为 X 和 Y 相互独立,所以 $Z_1 = \max\{X,Y\}$ 的分布函数

$$F_{Z_1}(z) = P\{X \leqslant z, Y \leqslant z\} = P\{X \leqslant z\}P\{Y \leqslant z\}$$

即

$$F_{Z_1}(z) = F_X(z)F_Y(z). \tag{3.16}$$

类似地,$Z_2 = \min\{X,Y\}$ 的分布函数

$$F_{Z_2}(z) = P\{Z_2 \leqslant z\} = 1 - P\{Z_2 > z\} = 1 - P\{X > z, Y > z\}$$
$$= 1 - P\{X > z\}P\{Y > z\},$$

即

$$F_{Z_2}(z) = 1 - [1 - F_X(z)][1 - F_Y(z)]. \tag{3.17}$$

例 3.3.3 设系统 L 由两个相互独立的子系统 L_1 和 L_2 连接而成,其连接方式分别为(1) 串联,(2) 并联,如图 3.6 所示.设 L_1 和 L_2 的寿命分别为 X 和 Y,已知它们的密度函数分别为

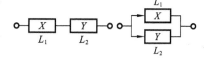

图 3.6　相互独立子系统的连接方式示意图

$$f_X(x) = \begin{cases} \alpha e^{-\alpha x}, & x > 0, \\ 0, & x \leqslant 0; \end{cases} \quad f_Y(y) = \begin{cases} \beta e^{-\beta y}, & x > 0, \\ 0, & x \leqslant 0, \end{cases}$$

其中 $\alpha > 0, \beta > 0$,试分别就以上两种连接方式求出系统 L 的寿命 Z 的概率密度.

解 (1) 串联情况.因为当 L_1 和 L_2 中有一个损坏时,系统 L 就停止工作,所以这时 L 的寿命

$$Z = \min\{X,Y\}.$$

因为 X 和 Y 的分布函数分别为

$$F_X(x) = \begin{cases} 1 - e^{-\alpha x}, & x > 0, \\ 0, & x \leqslant 0, \end{cases} \quad F_Y(y) = \begin{cases} 1 - e^{-\beta y}, & y > 0, \\ 0, & y \leqslant 0, \end{cases}$$

所以,由式(3.17)可得 Z 的分布函数为

$$F_Z(z) = 1 - [1 - F_X(z)][1 - F_Y(z)] = \begin{cases} 1 - e^{-(\alpha+\beta)z}, & z > 0, \\ 0, & z \leqslant 0. \end{cases}$$

求导可得 Z 的概率密度为

$$f_Z(z) = \begin{cases} (\alpha+\beta)e^{-(\alpha+\beta)z}, & z > 0, \\ 0, & z \leqslant 0. \end{cases}$$

(2) 并联情况.此时系统 L 的寿命

$$Z = \max\{X,Y\}.$$

于是,由式(3.16)可得 Z 的分布函数为

$$F_Z(z) = F_X(z)F_Y(z) = \begin{cases} (1 - e^{-\alpha z})(1 - e^{-\beta z}), & z > 0, \\ 0, & z \leqslant 0. \end{cases}$$

求导可得 Z 的概率密度为

$$f_Z(z) = \begin{cases} \alpha e^{-\alpha z} + \beta e^{-\beta z} - (\alpha + \beta) e^{-(\alpha+\beta)z}, & z > 0, \\ 0, & z \leqslant 0. \end{cases}$$

3.4　二维随机变量的数字特征

3.4.1　二维随机变量函数的期望

在 2.6.2 节中,我们曾讨论过一维随机变量函数的数学期望的计算问题,得到了用随机变量 X 的分布计算函数 $g(X)$ 期望的公式,即式(2.22)和式(2.23).现在,有了多维随机变量的分布,就可以把它们推广到多维场合.

为了叙述的方便,我们仅对二维的情形加以讨论,读者不难把结论推广到更高维的情形.以下讨论中,我们假设所涉及的数学期望都是存在的.

定理 3.4.1　设 (X,Y) 是二维随机变量,$g(x,y)$ 是二元连续函数.

(1) 若 (X,Y) 是离散型随机变量,则函数 $Z = g(X,Y)$ 的期望

$$E[g(X,Y)] = \sum_{i=1}^{+\infty} \sum_{j=1}^{+\infty} g(x_i, y_i) p_{ij}, \tag{3.18}$$

其中 $p_{ij} = P\{X = x_i, Y = y_j\}(i, j = 1, 2, \cdots)$ 为 (X,Y) 的分布律.

(2) 若 (X,Y) 是连续型随机变量,则函数 $Z = g(X,Y)$ 的期望

$$E[g(X,Y)] = \int_{-\infty}^{+\infty} \int_{-\infty}^{+\infty} g(x,y) f(x,y) \mathrm{d}x \mathrm{d}y, \tag{3.19}$$

其中 $f(x,y)$ 为 (X,Y) 的概率密度.

定理的证明超出了本书的范围,此处略.

例 3.4.1　设随机变量 X 与 Y 相互独立,都服从标准正态分布 $N(0,1)$,令 $Z = \sqrt{X^2 + Y^2}$,试求 $E(Z)$.

解　X 的概率密度为

$$f_X(x) = \frac{1}{\sqrt{2\pi}} e^{-\frac{x^2}{2}} \quad (-\infty < x < +\infty),$$

Y 的概率密度为

$$f_Y(y) = \frac{1}{\sqrt{2\pi}} e^{-\frac{y^2}{2}} \quad (-\infty < x < +\infty).$$

由 X 与 Y 相互独立知,(X,Y) 的联合概率密度为

$$f(x,y)=\frac{1}{2\pi}e^{-\frac{x^2+y^2}{2}} \quad (-\infty<x<+\infty,-\infty<y<+\infty),$$

故由式(3.19)可得

$$E(Z)=E(\sqrt{X^2+Y^2})=\int_{-\infty}^{+\infty}\int_{-\infty}^{+\infty}\sqrt{x^2+y^2}f(x,y)\mathrm{d}x\mathrm{d}y$$

$$=\int_{-\infty}^{+\infty}\int_{-\infty}^{+\infty}\sqrt{x^2+y^2}\frac{1}{2\pi}e^{-\frac{x^2+y^2}{2}}\mathrm{d}x\mathrm{d}y,$$

作极坐标变换 $x=r\cos\theta,y=r\sin\theta$,则有

$$E(Z)=E(\sqrt{X^2+Y^2})=\frac{1}{2\pi}\int_0^{2\pi}\mathrm{d}\theta\int_0^{+\infty}r^2e^{-\frac{r^2}{2}}\mathrm{d}r=-re^{-\frac{r^2}{2}}\Big|_0^{+\infty}+\int_0^{+\infty}e^{-\frac{r^2}{2}}\mathrm{d}r=\sqrt{\frac{\pi}{2}}.$$

下面我们补充数学期望的两个重要性质:

(1) 设 X,Y 是两个随机变量,则

$$E(X+Y)=E(X)+E(Y);$$

(2) 设 X,Y 是相互独立的随机变量,则

$$E(XY)=E(X)E(Y).$$

证　我们只对连续型随机变量的情况加以证明,只要将证明中的"积分"用"和式"代替,就能得到离散型随机变量情况下的证明.

设二维随机变量(X,Y)的概率密度为 $f(x,y)$,其边缘概率密度为 $f_X(x)$, $f_Y(y)$,则

$$E(X+Y)=\int_{-\infty}^{+\infty}\int_{-\infty}^{+\infty}(x+y)f(x,y)\mathrm{d}x\mathrm{d}y$$

$$=\int_{-\infty}^{+\infty}\int_{-\infty}^{+\infty}xf(x,y)\mathrm{d}x\mathrm{d}y+\int_{-\infty}^{+\infty}\int_{-\infty}^{+\infty}yf(x,y)\mathrm{d}x\mathrm{d}y$$

$$=E(X)+E(Y).$$

性质(1)得证.

又若 X,Y 是相互独立的,则

$$E(XY)=\int_{-\infty}^{+\infty}\int_{-\infty}^{+\infty}xyf(x,y)\mathrm{d}x\mathrm{d}y=\int_{-\infty}^{+\infty}\int_{-\infty}^{+\infty}xyf_X(x)f_Y(y)\mathrm{d}x\mathrm{d}y$$

$$=\int_{-\infty}^{+\infty}xf_X(x)\mathrm{d}x\int_{-\infty}^{+\infty}yf_Y(y)\mathrm{d}y=E(X)E(Y).$$

性质(2)得证.

例 3.4.2　已知随机变量$(X,Y)\sim N(1,2,1,4,0)$,求 $E(2X+3Y-1)$ 及 $E(XY)$.

解　由题设可知 X 与 Y 相互独立,且 $E(X)=1,E(Y)=2$.于是由数学期望的性质,得

$$E(2X+3Y-1)=2E(X)+3E(Y)-1=7,$$

$$E(XY)=E(X)E(Y)=2.$$

3.4.2　协方差和相关系数

对于二维随机变量(X,Y),期望和方差可以反映随机变量 X 和 Y 各自部分的特征,然而二维随机变量的概率分布中还包含有 X 和 Y 之间相互关系的信息,能否像期望与方差那样,用某些数值来刻画 X 和 Y 之间相互联系的特征呢?

协方差和相关系数就是描述两个随机变量之间联系的数字特征.

定义 3.4.1　设(X,Y)为二维随机变量,若 $E\{[X-E(X)]\cdot[Y-E(Y)]\}$存在,则称之为随机变量 X 与 Y 的**协方差**,记为

$$\text{Cov}(X,Y)=E\{[X-E(X)][Y-E(Y)]\}. \tag{3.20}$$

上式右边的表达式展开,可得

$$\text{Cov}(X,Y)=E\{XY-E(X)Y-XE(Y)+E(X)E(Y)\}=E(XY)-E(X)E(Y).$$

显然,若 X,Y 是相互独立的,则必有 $\text{Cov}(X,Y)=0$,否则,X 与 Y 之间必有一定的关系.

从上述定义中可见,当 $X=Y$,即它们是同一个随机变量时,有

$$\text{Cov}(X,X)=E[X-E(X)]^2=D(X).$$

此时,协方差就成为该随机变量的方差.因此可以说方差是协方差的一个特例,而协方差是方差的推广.既然方差反映了随机变量自身的离散程度,那么用协方差反映两个随机变量之间的"离散"程度也就自然了.

协方差 $\text{Cov}(X,Y)$ 可以看作是随机变量函数 $Z=[X-E(X)][X-E(Y)]$ 的数学期望,因此其计算公式如下:

(1) 若(X,Y)是离散型随机变量,且联合分布律为

$$P\{X=x_i,Y=y_j\}=p_{ij} \quad (i,j=1,2,\cdots),$$

则

$$\text{Cov}(X,Y)=\sum_{i=1}^{+\infty}\sum_{j=1}^{+\infty}[x_i-E(X)][y_j-E(Y)]p_{ij}. \tag{3.21}$$

(2) 若(X,Y)是连续型随机变量,且联合概率密度为 $f(x,y)$,则

$$\text{Cov}(X,Y)=\int_{-\infty}^{+\infty}\int_{-\infty}^{+\infty}[x-E(X)][y-E(Y)]f(x,y)\mathrm{d}x\mathrm{d}y. \tag{3.22}$$

应当注意到,在前面的讨论中,我们已经将协方差的计算进一步化简为

$$\text{Cov}(X,Y)=E(XY)-E(X)E(Y).$$

例 3.4.3　设连续型随机变量(X,Y)的密度函数为

$$f(x,y)=\begin{cases}8xy, & 0\leqslant x\leqslant y\leqslant 1,\\ 0, & \text{其他}.\end{cases}$$

求 $\text{Cov}(X,Y)$.

解　由 (X,Y) 的密度函数求得其边缘密度函数分别为

$$f_X(x)=\begin{cases}4x(1-x^2), & 0\leqslant x\leqslant1,\\ 0, & \text{其他};\end{cases} \quad f_Y(y)=\begin{cases}4y^3, & 0\leqslant y\leqslant1,\\ 0, & \text{其他}.\end{cases}$$

于是

$$E(X)=\int_{-\infty}^{+\infty}xf_X(x)\mathrm{d}x=\int_0^1 x\cdot 4x(1-x^2)\mathrm{d}x=\frac{8}{15},$$

$$E(Y)=\int_{-\infty}^{+\infty}yf_Y(y)\mathrm{d}y=\int_0^1 y\cdot 4y^3\mathrm{d}y=\frac{4}{5},$$

$$E(XY)=\int_{-\infty}^{+\infty}\int_{-\infty}^{+\infty}xyf(x,y)\mathrm{d}x\mathrm{d}y=\int_0^1\mathrm{d}x\int_x^1 xy\cdot 8xy\mathrm{d}y=\frac{4}{9},$$

故

$$\mathrm{Cov}(X,Y)=E(XY)-E(X)E(Y)=\frac{4}{9}-\frac{8}{15}\times\frac{4}{5}=\frac{4}{225}.$$

由协方差的定义可以得到一些有关协方差的性质.

性质 1　$\mathrm{Cov}(X,Y)=\mathrm{Cov}(Y,X)$；

性质 2　$\mathrm{Cov}(aX,bY)=ab\mathrm{Cov}(X,Y)$；

性质 3　$\mathrm{Cov}(X_1+X_2,Y)=\mathrm{Cov}(X_1,Y)+\mathrm{Cov}(X_2,Y)$；

以上 3 个性质证明简单，此处省略证明.

性质 4　$D(X+Y)=D(X)+D(Y)+2\mathrm{Cov}(X,Y)$.

证　
$$\begin{aligned}
D(X+Y)&=E[(X+Y)-E(X+Y)]^2=E[(X-E(X))+(Y-E(Y))]^2\\
&=E[(X-E(X))^2+(Y-E(Y))^2+2(X-E(X))(Y-E(Y))]\\
&=E[X-E(X)]^2+E[Y-E(Y)]^2\\
&\quad+2E[(X-E(X))(Y-E(Y))]\\
&=D(X)+D(Y)+2\mathrm{Cov}(X,Y).
\end{aligned}$$

特别地，若 X 与 Y 相互独立，则

$$D(X+Y)=D(X)+D(Y).$$

虽然协方差可以用来评价随机变量之间相依关系的程度大小，但由于其值的大小与随机变量所采用的量纲有关，这经常会造成一定的不方便. 为此，我们引入一个与量纲无关且经常使用的指标——相关系数.

定义 3.4.2　当 $D(X)>0,D(Y)>0$ 时，称

$$\rho_{XY}=\frac{\mathrm{Cov}(X,Y)}{\sqrt{D(X)}\sqrt{D(Y)}} \tag{3.23}$$

为随机变量 X 与 Y 的**相关系数**.

显然，若 X,Y 是相互独立的，则有 $\rho_{XY}=0$.

注意到协方差是有量纲的，而相关系数是无量纲的，事实上，相关系数就是 X,Y 分别标准化后的协方差. X,Y 标准化后，分别记为

$$X^* = \frac{X - E(X)}{\sqrt{D(X)}}, \quad Y^* = \frac{Y - E(Y)}{\sqrt{D(Y)}}.$$

由于标准化变量的数学期望为 0,于是

$$\mathrm{Cov}(X^*, Y^*) = E(X^* Y^*) = \frac{E[X - E(X)][Y - E(Y)]}{\sqrt{D(X)} \sqrt{D(Y)}} = \rho_{XY},$$

因而相关系数也称为**标准化协方差**.

对于相关系数,我们不加证明的给出以下定理:

定理 3.4.2 若随机变量 X, Y 的相关系数存在,则

(1) $-1 \leqslant \rho_{XY} \leqslant 1$;

(2) $|\rho_{XY}| = 1$ 的充要条件是:X 与 Y 以概率 1 呈线性关系,即

$$P\{Y = aX + b\} = 1,$$

其中 a, b 为常数.

若 $\rho_{XY} = 0$,则称随机变量 X 与 Y 不相关.

例 3.4.4 设二维随机变量 $(X, Y) \sim N(\mu_1, \mu_2, \sigma_1^2, \sigma_2^2, \rho)(\sigma_1, \sigma_2 > 0)$,它的概率密度为

$$f(x, y) = \frac{1}{2\pi\sigma_1\sigma_2 \sqrt{1 - \rho^2}} \exp\left\{\frac{-1}{2(1 - \rho^2)}\left[\frac{(x - \mu_1)^2}{\sigma_1^2} - 2\rho\frac{(x - \mu_1)(y - \mu_2)}{\sigma_1\sigma_2} + \frac{(y - \mu_2)^2}{\sigma_2^2}\right]\right\},$$

试求 X 与 Y 的相关系数 ρ_{XY}.

解 由例 3.2.2 易知

$$E(X) = \mu_1, \quad D(X) = \sigma_1^2, \quad E(Y) = \mu_2, \quad D(Y) = \sigma_2^2.$$

而 $\mathrm{Cov}(X, Y) = E\{[X - E(X)][Y - E(Y)]\}$

$$= \int_{-\infty}^{+\infty} \int_{-\infty}^{+\infty} (x - \mu_1)(y - \mu_2) f(x, y) \mathrm{d}x\mathrm{d}y$$

$$= \frac{1}{2\pi\sigma_1\sigma_2 \sqrt{1 - \rho^2}} \int_{-\infty}^{+\infty} \int_{-\infty}^{+\infty} (x - \mu_1)(y - \mu_2)$$

$$\cdot \exp\left\{\frac{-1}{2(1 - \rho^2)}\left[\frac{(x - \mu_1)^2}{\sigma_1^2} - 2\rho\frac{(x - \mu_1)(y - \mu_2)}{\sigma_1\sigma_2} + \frac{(y - \mu_2)^2}{\sigma_2^2}\right]\right\} \mathrm{d}x\mathrm{d}y$$

令 $t = \frac{1}{\sqrt{1 - \rho^2}}\left(\frac{y - \mu_2}{\sigma_2} - \rho\frac{x - \mu_1}{\sigma_1}\right), u = \frac{x - \mu_1}{\sigma_1}$,则

$$\mathrm{Cov}(X, Y) = \frac{1}{2\pi} \int_{-\infty}^{+\infty} \int_{-\infty}^{+\infty} (\sigma_1\sigma_2 \sqrt{1 - \rho^2} tu + \rho\sigma_1\sigma_2 u^2) \mathrm{e}^{-\frac{t^2 + u^2}{2}} \mathrm{d}t\mathrm{d}u$$

$$= \frac{\rho\sigma_1\sigma_2}{2\pi}\left(\int_{-\infty}^{+\infty} u^2 \mathrm{e}^{-\frac{u^2}{2}} \mathrm{d}u\right)\left(\int_{-\infty}^{+\infty} \mathrm{e}^{-\frac{t^2}{2}} \mathrm{d}t\right)$$

$$+ \frac{\sigma_1\sigma_2 \sqrt{1 - \rho^2}}{2\pi}\left(\int_{-\infty}^{+\infty} u\mathrm{e}^{-\frac{u^2}{2}} \mathrm{d}u\right)\left(\int_{-\infty}^{+\infty} t\mathrm{e}^{-\frac{t^2}{2}} \mathrm{d}t\right)$$

$$= \frac{\rho\sigma_1\sigma_2}{2\pi} \sqrt{2\pi} \cdot \sqrt{2\pi} = \rho\sigma_1\sigma_2.$$

因此
$$\rho_{XY} = \frac{\text{Cov}(X,Y)}{\sqrt{D(X)}\sqrt{D(Y)}} = \rho.$$

这就是说,二维正态分布(X,Y)的概率密度中的参数 ρ 不是别的,正是 X 与 Y 的相关系数. 因而,二维正态随机变量的分布函数完全可由 X,Y 的数学期望、方差以及它们的相关系数确定.

随机变量"X 与 Y 相互独立"与"X 与 Y 不相关"这两个概念的关系是:如果 X 与 Y 相互独立,则 X 与 Y 一定不相关;反之,却未必成立. 关于随机变量相关系数与独立性之间更深入的理解,请阅读 3.5.1 节内容.

3.5 研讨专题

3.5.1 对相关系数的进一步解释

本章 3.4.2 节曾经指出,若随机变量 X,Y 相互独立,则相关系数 $\rho_{XY}=0$. 那么,$\rho_{XY} \neq 0$ 也就意味着随机变量 X 和 Y 之间存在着联系. 但究竟是什么形式的联系呢? 这种联系的紧密程度又该如何衡量呢?

为了回答上面的问题,我们再来看看相关系数的性质.

关于相关系数的性质,我们曾不加证明地给出了定理 3.4.2. 该定理表明:当 $|\rho_{XY}|=1$ 时,随机变量 X,Y 之间以概率 1 呈现一种**线性相关关系**,即
$$Y = aX + b,$$
其中 a,b 为常数.

若记 $\text{MSE} = E[Y-(aX+b)]^2$,则 MSE 刻画了将 Y 表示成 X 的线性函数 $aX+b$ 的误差. 进一步将 MSE 分解,得到
$$\begin{aligned}
\text{MSE} &= E[Y-(aX+b)]^2 \\
&= E[(Y-E(Y))-a(X-E(X))+(E(Y)-aE(X)-b)]^2 \\
&= E[(Y-E(Y))^2 + a^2(X-E(X))^2 + (E(Y)-aE(X)-b)^2 \\
&\quad -2a(Y-E(Y))(X-E(X))+2(Y-E(Y))(E(Y)-aE(X)-b) \\
&\quad -2a(X-E(X))(E(Y)-aE(X)-b)].
\end{aligned}$$

注意到,$E(Y)-aE(X)-b$ 为常数,$E(Y-E(Y))=0$,$E(X-E(X))=0$,故
$$\text{MSE} = E[Y-(aX+b)]^2$$

$$
\begin{aligned}
&= E\big[(Y-E(Y))^2 + a^2(X-E(X))^2 + (E(Y)-aE(X)-b)^2 \\
&\quad\ - 2a(Y-E(Y))(X-E(X))\big] \\
&= D(Y) + a^2 D(X) - 2a\rho_{XY}\sigma(X)\sigma(Y) + (E(Y)-aE(X)-b)^2.
\end{aligned}
$$

当 $0<\rho_{XY}^2\leqslant 1$ 时,取

$$
a=\frac{\sigma(Y)}{\sigma(X)}\rho_{XY}, \quad b=E(Y)-aE(X),
$$

则　　　　　　　$\mathrm{MSE}=E[Y-(aX+b)]^2=D(Y)(1-\rho_{XY}^2).$ 　　　　　(3.24)

由此可见,ρ_{XY} 越接近于 1 或 -1,将 Y 表示成 X 的线性函数的误差就越小,也就是说随机变量 Y 与随机变量 X 之间的线性相关关系越紧密,当 $\rho_{XY}=\pm1$ 时,Y 与 X 之间的线性相关关系最紧密;反之,ρ_{XY} 越接近于 0,误差越大,Y 与 X 线性相关关系的紧密程度越低.

当 $\rho_{XY}=0$ 时,我们称随机变量 X,Y 不相关. 那么,不相关是否意味着随机变量之间不存在联系呢? 先看下面一个例子.

例 3.5.1 设 X 服从 $[-1,1]$ 区间上的均匀分布,$Y=X^2$,则

$$
E(X)=\int_{-1}^1 x\cdot\frac{1}{2}\mathrm{d}x=0, \quad E(X^3)=\int_{-1}^1 x^3\cdot\frac{1}{2}\mathrm{d}x=0,
$$

从而　$\mathrm{Cov}(X,Y)=E[(X-E(X))(Y-E(Y))]=E[(X-E(X))(X^2-E(X^2))]$

$$
=E[X^3-XE(X^2)]=E(X^3)-E(X)E(X^2)=0.
$$

因此,$\rho_{XY}=0$,随机变量 X,Y 不相关,但显然 X 与 Y 之间存在确定的函数关系,只不过不是线性关系.

综上所述,相关系数 ρ_{XY} 是用来刻画随机变量间线性相关关系的数字特征,ρ_{XY} 越接近于 1 或 -1,表明随机变量间的线性相关关系越密切;ρ_{XY} 越接近于 0,表明随机变量间的线性相关关系越不明显;当 $\rho_{XY}=0$ 时,表明随机变量间没有线性关系,但并不意味着随机变量间没有关系,有可能存在其他形式的非线性的关系.

3.5.2　投资组合及其风险

证券市场是一个充满偶然性的市场,收益与风险总是并存. 理性的投资人应当在追求收益的同时尽量规避风险,那么,如何从数学上刻画证券市场中的收益与风险? 如何在收益确定的情况下找到风险水平最低的投资方案呢?

1952 年,美国经济学家马科维茨(H. M. Markowitz,1927—)在他的学术论文《资产选择:有效的多样化》中,首次应用资产组合报酬的均值和方差来表示资产组合的期望收益和风险,并由此进行投资组合的有效评价,最终创立了投资组合理论. 1990 年,马科维茨因此获得了诺贝尔经济学奖.

设有一笔资金,总量记为 1,如今要投资甲、乙两种证券. 若将资金 x_1 投资于甲证券,将余下的资金 $x_2 = 1 - x_1$ 投资于乙证券,于是 (x_1, x_2) 就形成了一个投资组合. 记 X 为投资甲证券的收益率,Y 为投资乙证券的收益率,它们都是随机变量. 如果已知 X 和 Y 的均值分别为 μ_1 和 μ_2,方差分别为 σ_1^2 和 σ_2^2,X 和 Y 间的相关系数为 ρ. 试评价该投资组合的期望收益与风险,并求使投资风险最小的 x_1 是多少?

理论分析

根据马科维茨的投资组合理论,可以用投资组合收益率的均值来表示期望收益率,用收益率的方差来表示投资组合的风险.

若记投资组合 (x_1, x_2) 的收益率为 Z,则
$$Z = x_1 X + x_2 Y = x_1 X + (1 - x_1) Y.$$
因此,该投资组合的期望收益率可用 Z 的均值来刻画,即
$$E(Z) = x_1 E(X) + (1 - x_1) E(Y) = x_1 \mu_1 + (1 - x_1) \mu_2.$$
而该投资组合的风险可用 Z 的方差来刻画,即
$$
\begin{aligned}
D(Z) &= D[x_1 X + (1 - x_1) Y] \\
&= x_1^2 D(X) + (1 - x_1)^2 D(Y) + 2 x_1 (1 - x_1) \mathrm{Cov}(X, Y) \\
&= x_1^2 \sigma_1^2 + (1 - x_1)^2 \sigma_2^2 + 2 x_1 (1 - x_1) \rho \sigma_1 \sigma_2.
\end{aligned}
$$

由上式可知,投资组合风险是关于 x_1 的一元二次幂函数. 求使风险最小的 x_1,即求 $D(Z)$ 关于 x_1 的最小值点,为此令
$$\frac{\mathrm{d}(D(Z))}{\mathrm{d} x_1} = 2 x_1 \sigma_1^2 - 2 (1 - x_1) \sigma_2^2 + 2 \rho \sigma_1 \sigma_2 - 4 x_1 \rho \sigma_1 \sigma_2 = 0,$$
从中解得
$$x_1^* = \frac{\sigma_2^2 - \rho \sigma_1 \sigma_2}{\sigma_1^2 + \sigma_2^2 - 2 \rho \sigma_1 \sigma_2}.$$
它与 μ_1, μ_2 无关. 又因为 $D(Z)$ 中 x_1^2 的系数为正,所以以上的 x_1^* 可以使组合风险达到最小.

譬如,$\sigma_1^2 = 0.3, \sigma_2^2 = 0.5, \rho = 0.4$,则
$$x_1^* = \frac{0.5 - 0.4 \sqrt{0.3 \times 0.5}}{0.3 + 0.5 - 2 \times 0.4 \sqrt{0.3 \times 0.5}} = 0.704.$$
这说明应该把全部资金的 70% 投资于甲证券,而把余下的 30% 资金投向乙证券,这样的投资组合风险最小.

本章主要术语的英汉对照表

二维随机变量	two dimensional random variable
二维分布函数	two dimensional distribution function
离散型随机变量的分布律	the distribution law of discrete random variable
连续型随机变量的分布函数	the distribution function of continuous random variable
连续型随机变量的概率密度	the probability density of continuous random variable
离散型随机变量的边缘分布律	the marginal distribution law of discrete random variable
连续型随机变量的边缘分布律	the marginal distribution law of continuous random variable
连续型随机变量的边缘概率密度	the marginal probability density of continuous random variable
两个随机变量的独立性	independence of two random variable
协方差	covariance
相关系数	correlation coefficient
不相关	uncorrelated

习 题 3

1. 100 件产品中有 50 件一等品、30 件二等品、20 件三等品. 从中任取 5 件, 以 X, Y 分别表示取出的 5 件中一等品、二等品的件数, 在以下情况下求 (X, Y) 得联合分布律: (1) 不放回抽取; (2) 有放回抽取.

2. 袋中有 4 个球, 它们依次标有数字 1, 2, 2, 3, 从这袋中任取一球后, 不放回袋中, 再从袋中任取一球, 以 X, Y 分别表示第一、二次取得的球上标有的数字, 求 (X, Y) 的分布律.

3. 设随机变量 (X, Y) 的概率密度为

$$f(x, y) = \begin{cases} k(6-x-y), & 0<x<2, 2<y<4, \\ 0, & \text{其他.} \end{cases}$$

试求: (1) 常数 k; (2) $P\{X<1, Y<3\}$; (3) $P\{X<1.5\}$.

4. 设二维随机变量 (X, Y) 的概率密度为

$$f(x, y) = \begin{cases} 4xy, & 0<x<1, 0<y<1, \\ 0, & \text{其他.} \end{cases}$$

试求: (1) $P\{0<X<0.5, 0.25<Y<1\}$; (2) $P\{X<Y\}$; (3) (X, Y) 的分布函数.

5. 将一枚硬币投掷 3 次, 以 X 表示前 2 次中出现正面的次数, 以 Y 表示 3 次中出现正面的次数. 求 X, Y 的联合分布律以及对应的边缘分布律.

6. 设随机变量 (X,Y) 具有分布函数

$$F(x,y)=\begin{cases} 1-\mathrm{e}^{-x}-\mathrm{e}^{-y}+\mathrm{e}^{-x-y}, & x>0,y>0, \\ 0, & \text{其他}. \end{cases}$$

求关于 X 和关于 Y 的边缘分布函数.

7. 设 (X,Y) 具有概率密度

$$f(x,y)=\begin{cases} Cx^2y, & x^2\leqslant y\leqslant 1, \\ 0, & \text{其他}. \end{cases}$$

试求：(1) 常数 C；(2) 边缘概率密度 $f_X(x)$ 和 $f_Y(y)$.

8. 设随机变量 (X,Y) 具有分布函数

$$F(x,y)=\begin{cases} (1-\mathrm{e}^{-\alpha x})y, & x\geqslant 0,0\leqslant y\leqslant 1, \\ 1-\mathrm{e}^{-\alpha x}, & x\geqslant 0,y>1, \\ 0, & \text{其他}, \end{cases}$$

其中 $\alpha>0$，证明 X,Y 相互独立.

9. 设随机变量 (X,Y) 具有分布律

$$P\{X=x,Y=y\}=p^2(1-p)^{x+y-2}, \quad 0<p<1,$$

其中 x,y 均为正整数. 问 X,Y 是否相互独立.

10. 设某仪器由两个部件构成，用 X,Y 分别表示两个部件的寿命(单位:千小时),已知 (X,Y) 的分布函数

$$F(x,y)=\begin{cases} 1-\mathrm{e}^{-0.5x}-\mathrm{e}^{-0.5y}+\mathrm{e}^{-0.5(x+y)}, & x>0,y>0, \\ 0, & \text{其他}. \end{cases}$$

尝试：(1) 求 (X,Y) 的两个边缘分布函数；

(2) 求 (X,Y) 概率密度和对应的边缘概率密度；

(3) 判断 X 与 Y 是否独立；

(4) 求两个部件寿命都超过 100 小时的概率.

11. 设 X 与 Y 相互独立，且 X 服从 $\theta=1/3$ 的指数分布，Y 服从 $\theta=1/4$ 的指数分布，试求：

(1) (X,Y) 概率密度和对应的边缘概率密度；

(2) $P\{X<1,Y<1\}$；

(3) (X,Y) 在 $D=\{(x,y)\,|\,x>0,y>0,3x+4y<3\}$ 取值的概率.

12. 设随机变量 (X,Y) 的概率密度为

$$f(x,y)=\begin{cases} x+y, & 0<x<1,0<y<1, \\ 0, & \text{其他}. \end{cases}$$

求 $Z=X+Y$ 的概率密度.

13. 设二维随机变量 (X,Y) 的联合分布律为

Y X	1	2	3
0	0.05	0.15	0.20
1	0.07	0.11	0.22
2	0.04	0.07	0.09

试分别求 $U=\max\{X,Y\}$ 和 $V=\min\{X,Y\}$ 的分布律.

14. 设 X 与 Y 的联合概率密度为

$$f(x,y)=\begin{cases}\mathrm{e}^{-(x+y)}, & x>0,y>0,\\ 0, & 其他.\end{cases}$$

试求以下随机变量的密度函数: (1) $Z=(X+Y)/2$; (2) $Z=Y-X$.

15. 设二维随机变量 (X,Y) 在边长为 2, 中心为 $(0,0)$ 的正方形区域内服从均匀分布, 试求 $P\{X^2+Y^2\leqslant 1\}$.

16. 设随机变量 X 与 Y 独立同分布, 在下列情况下求随机变量 $Z=\max\{X,Y\}$ 的分布列:

(1) X 服从 $p=0.5$ 的 0-1 分布;

(2) X 服从几何分布, 即 $P(X=k)=(1-p)^{k-1}p$, $k=1,2,\cdots$.

17. 设 X 与 Y 是相互独立的随机变量, 其概率密度分别为

$$f_X(x)=\begin{cases}1, & 0\leqslant x\leqslant 1,\\ 0, & 其他;\end{cases}\qquad f_Y(y)=\begin{cases}\mathrm{e}^{-y}, & y>0,\\ 0, & 其他.\end{cases}$$

求随机变量 $Z=X+Y$ 的概率密度.

18. 从数字 $0,1,2,\cdots,n$ 中任取两个不同的数字, 求这两个数字之差的绝对值的数学期望.

19. 设随机变量 (X,Y) 的概率密度为

$$f(x,y)=\begin{cases}12y^2, & 0\leqslant y\leqslant x\leqslant 1,\\ 0, & 其他.\end{cases}$$

求 $E(X),E(Y),E(XY),E(X^2+Y^2)$.

20. 随机变量 (X,Y) 服从以点 $(0,1)$、$(1,0)$、$(1,1)$ 为顶点的三角形区域上的均匀分布, 试求 $E(X+Y)$ 和 $D(X+Y)$.

21. 设随机变量 (X,Y) 的分布律为

X Y	1	2	3
−1	0.2	0.1	0.0
0	0.1	0.0	0.3
1	0.1	0.1	0.1

(1) 求 $E(X), E(Y)$;

(2) 设 $Z=Y/X$, 求 $E(Z)$;

(3) 设 $Z=(X-Y)^2$, 求 $E(Z)$.

22. 设随机变量 (X,Y) 独立同分布, 且 $E(X)=\mu, D(X)=\sigma^2$, 试求 $E(X-Y)^2$.

23. 设二维随机变量 (X,Y) 的概率密度为

$$f(x,y)=\begin{cases} \dfrac{1}{8}(x+y), & 0 \leqslant x \leqslant 2, 0 \leqslant y \leqslant 2, \\ 0, & \text{其他.} \end{cases}$$

求 $E(X), E(Y), \mathrm{Cov}(X,Y), \rho_{XY}$ 和 $D(X+Y)$.

24. 将一枚硬币重复掷 n 次, 以 X 和 Y 分别表示正面向上和反面向上的次数, 试求 X 与 Y 的协方差及相关系数.

25. 设随机变量 X 和 Y 独立同服从参数为 λ 的泊松分布, 令

$$U=2X+Y, \quad V=2X-Y.$$

求 U 和 V 的相关系数.

26. 设二维随机变量 (X,Y) 的概率密度为

$$f(x,y)=\begin{cases} 1/\pi, & x^2+y^2 \leqslant 1, \\ 0, & \text{其他.} \end{cases}$$

试证 X 和 Y 是不相关的, 但 X 和 Y 不是相互独立的.

第4章 大数定律和中心极限定理

学习目标: 通过本章学习,学员应了解伯努利大数定理和辛钦大数定理;了解独立同分布中心极限定理和隶莫弗-拉普拉斯中心极限定理,会用中心极限定理解决简单实际问题.

本章主要研究随机变量之和及其相关随机变量的极限行为.大数定律表明随机变量序列的前一些项的算术平均值在某种条件下收敛到这些项的均值的算术平均值;中心极限定理表明在某种条件下,大量随机变量之和的分布逼近于正态分布.这两类定理在概率论中占有重要地位.

4.1 大数定律

第1章中我们曾经指出:人们在长期实践中发现,大量重复试验下,频率具有稳定性.比如,投掷一枚均匀硬币,虽然一次投掷无法确定出现正面还是反面,但在大量重复投掷的情况下,出现正面的频率在 0.5 附近摆动,并逐渐稳定于 0.5,而 0.5 正是出现正面的概率.也就是说,在大量重复试验下,随机事件发生的频率"稳定于"概率,这就是所谓的"频率的稳定性".

"稳定于"是一种笼统的、定性的描述,那么到底该如何准确描述呢?

为了解决这个问题,我们再来考察一下投币试验.我们借助 Matlab 软件模拟投币试验,将试验结果用散点图(见图 4.1)的形式画出来,横轴表示投币次数,纵轴表示出现正面的频率.

观察图 4.1,可以看到随着试验次数的增加,总体上看,出现正面的频率越来越靠近于 0.5.那么,是否可以用数列收敛来描述频率的稳定性呢?

如果频率 f_n 以 0.5 为极限,则由极限定义有:

$$\forall \varepsilon > 0, 存在 N > 0, 当试验次数 n > N 时, |f_n - 0.5| < \varepsilon.$$

这意味着:对任给正数 ε,只要试验次数 N 足够大,就可以保证频率与概率的偏差小于 ε.这显然与投币实验的事实不符,因为无论投掷多少次,理论上讲,都存在着全部

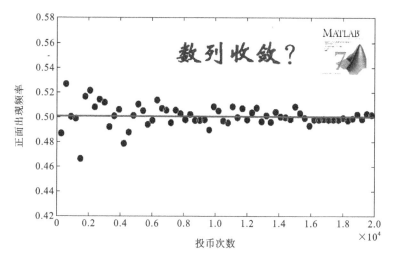

图 4.1　投币试验中正面向上的频率

正面或者全部反面的情况,此时 $|f_n-0.5|=0.5$,与 $|f_n-0.5|<\varepsilon$ 矛盾. 因此,不能直接使用数列极限来描述频率的稳定性.

　　注意到,虽然可能出现全部正面或者全部反面的情况,但容易算出 n 次试验中这一事件发生的概率

$$P\{|f_n-0.5|=0.5\}=\frac{1}{2^{n-1}}\to 0 \quad (n\to\infty).$$

也就是说,虽然可能出现频率与概率偏差是 0.5 的情况,但是这种情况发生的概率趋于 0. 这启示我们,可以在数列极限的概念中引入概率来描述频率的稳定性.

　　定义 4.1.1(依概率收敛)　设 $Y_1,Y_2,\cdots,Y_n,\cdots$ 是一个随机变量序列,a 是一个常数,若对于任意正数 ε,有

$$\lim_{n\to\infty}P\{|Y_n-a|\geqslant\varepsilon\}=0,$$

则称序列 $Y_1,Y_2,\cdots,Y_n,\cdots$ 依概率收敛于 a,记为

$$Y_n\xrightarrow{P}a.$$

　　那么,频率稳定于概率的准确描述就应当是:**频率依概率收敛于概率.**

　　历史上,最先给出频率稳定性准确描述的是瑞士数学家雅各布·伯努利(Jakob Bernoulli, 1654—1705). 在其 1713 年发表的著作《猜度术》中,他第一次准确描述了频率的稳定性,这也就是概率论中第一个大数定律.

　　伯努利大数定律　设 μ_n 是 n 次独立重复试验中事件 A 发生的次数,p 是事件 A 在每次实验中发生的概率,则对任意 $\varepsilon>0$,有

$$\lim_{n\to\infty}P\left\{\left|\frac{\mu_n}{n}-p\right|\geqslant\varepsilon\right\}=0. \tag{4.1}$$

证　因为 μ_n 是 n 次独立重复试验中事件 A 发生的次数,所以 $\mu_n \sim b(n,p)$,从而

$$E(\mu_n) = np, \quad D(\mu_n) = np(1-p),$$

相应地,有

$$E\left(\frac{\mu_n}{n}\right) = p, \quad D\left(\frac{\mu_n}{n}\right) = \frac{p(1-p)}{n}.$$

由切比雪夫不等式,得

$$P\left\{\left|\frac{\mu_n}{n} - p\right| \geqslant \varepsilon\right\} \leqslant \frac{p(1-p)}{n\varepsilon^2},$$

因此

$$0 \leqslant P\left\{\left|\frac{\mu_n}{n} - p\right| \geqslant \varepsilon\right\} \leqslant \frac{p(1-p)}{n\varepsilon^2} \to 0 \quad (n \to \infty).$$

由极限的夹逼准则得

$$\lim_{n \to \infty} P\left\{\left|\frac{\mu_n}{n} - p\right| \geqslant \varepsilon\right\} = 0.$$

频率"稳定于"概率是可以直接观察到的一种客观现象,伯努利大数定律第一次以严格的数学形式刻画了该现象,从而也为用频率来确定概率提供了理论依据.

现在,我们换一个角度,重新审视一下伯努利大数定律.如果在独立重复试验中引入随机变量

$$X_k = \begin{cases} 0, & \text{第 } k \text{ 次试验 } A \text{ 不发生,} \\ 1, & \text{第 } k \text{ 次试验 } A \text{ 发生,} \end{cases} \quad k = 1, 2, \cdots, n,$$

那么,$X_k \sim b(1,p)$,且 n 次独立重复试验中事件 A 发生的次数

$$\mu_n = \sum_{k=1}^{n} X_k.$$

相应地,

$$\frac{\mu_n}{n} = \frac{1}{n}\sum_{k=1}^{n} X_k, \quad p = \frac{1}{n}\sum_{k=1}^{n} E(X_k).$$

将上式代入到伯努利大数定律的公式(4.1)中,得到

$$\lim_{n \to \infty} P\left\{\left|\frac{1}{n}\sum_{k=1}^{n} X_k - \frac{1}{n}\sum_{k=1}^{n} E(X_k)\right| \geqslant \varepsilon\right\} = 0.$$

这表明,从随机变量的角度来看,伯努利大数定律表明:相互独立且服从两点分布的随机变量的算术平均具有稳定性,稳定于它们**数学期望的算术平均**.事实表明,一般的随机变量序列,也具有这样的稳定性.这也就形成了各种不同形式的大数定律,比如切比雪夫大数定律、马尔科夫大数定律、辛钦大数定律等.

下面我们具体介绍在实际问题中常用的辛钦大数定律.

辛钦大数定律　设 $\{X_k\}$ 为独立同分布随机变量序列,且 $E(X_k) = \mu (k = 1, 2, \cdots)$,

则对任意 $\varepsilon > 0$,有

$$\lim_{n \to \infty} P\left\{ \left| \frac{1}{n}\sum_{k=1}^{n} X_k - \frac{1}{n}\sum_{k=1}^{n} E(X_k) \right| \geqslant \varepsilon \right\} = 0.$$

辛钦大数定律表明,独立同分布随机变量序列的算术平均具有稳定性,这也就提供了计算随机变量数学期望近似值的方法. 具体来说,如果希望得到随机变量 X 的数学期望近似值,那么对 X 进行 n 次独立重复观察,由于这些观察结果相互独立且与 X 同分布,按照辛钦大数定律,这些独立同分布观察结果的算术平均稳定于其数学期望,因此,当观察次数 n 充分大时,就可以用这些观测结果的算术平均作为该数学期望的近似值.

例 4.1.1　求定积分 $J = \int_0^1 \frac{1}{\sqrt{2\pi}} e^{-\frac{x^2}{2}} \mathrm{d}x$ 的近似计算.

解　假设随机变量 X 服从 $(0,1)$ 上的均匀分布,则随机变量 $f(X) = \frac{1}{\sqrt{2\pi}} e^{-\frac{x^2}{2}}$ 的数学期望为

$$E(f(X)) = \int_0^1 f(x) \cdot 1 \mathrm{d}x = \int_0^1 f(x)\mathrm{d}x,$$

所以计算定积分 J,实质上就是计算随机变量 $f(X)$ 的数学期望.

由辛钦大数定律知,可以用随机变量 $f(X)$ 的大量观测值的算术平均来近似该数学期望,而 $f(X)$ 的观测值可以通过 X 的观测值得到.

具体做法如下:

(1) 产生 n 个服从区间 $(0,1)$ 上均匀分布的随机数 $x_1, x_2, \cdots, x_n$;

(2) 计算每个数对应的函数值 $f(x_i)$, $i = 1, 2, \cdots, n$;

(3) 取 n 个函数值的算术平均,将这个算术平均就作为定积分 J 的近似结果,即

$$J \approx \frac{1}{n}\sum_{i=1}^{n} f(x_i).$$

n 取不同值时,按上面的步骤计算,得到的计算结果如表 4.1 所示.

表 4.1　定积分近似计算表

$n = 10$	$n = 10^3$	$n = 10^5$	$n = 10^7$	有效值
0.353126	0.342399	0.341053	0.341322	0.341344

观察表中数据可以看到,当产生的随机数数目达到 10^7 时,所得近似值与该定积分 7 位有效数字真实值非常接近,计算效果良好.

这种通过产生大量随机数来进行模拟的方法称为**蒙特卡罗方法**,该方法在各个领域都有广泛的应用. 而这种方法正是以大数定律为理论基础的.

4.2　中心极限定理

正态分布在概率论与数理统计中占有重要地位,许多理论和方法都以正态分布为基础,且现实中很多随机变量都服从或近似服从正态分布.那么,为什么许多随机变量都服从或近似服从正态分布呢?

正态分布是数学家高斯在分析测量误差时得到的,因此,我们也从测量误差入手,尝试回答上面的问题.以炮弹的射击误差为例,设靶心是坐标原点,那么弹着点坐标(X,Y)是一个二维随机变量,我们已经知道它的每一个分量X和Y都是服从正态分布的随机变量,现在的问题是它们为什么服从正态分布? 要回答这个问题,我们先来看一看它们都是什么样的随机变量,或者说造成它们随机的原因是什么.即使炮身在瞄准后不再改变,在每次射击以后,它也会因为震动而造成微小的偏差X_1和Y_1;每发炮弹外形上的细小差别而引起空气阻力不同而出现的误差X_2和Y_2;每发炮弹内炸药的数量或质量上的微小差异而引起的误差X_3和Y_3;炮弹在前进时遇到的空气气流的微小扰动而造成的误差X_4和Y_4,等等许多原因.每种原因引起一个微小的误差,有的为正,有的为负,都是随机的,而弹着点的总误差X和Y是这些随机小误差的总和,即

$$X = \sum_i X_i, \quad Y = \sum_j Y_j,$$

并且可以认为这些小误差X_i(或Y_j)之间是互相独立的.因此,讨论总误差X和Y的分布实质上就是讨论相互独立的随机变量和的分布.中心极限定理指出,在一定条件下这些随机变量和的极限分布就是正态分布.

定理 4.2.1(独立同分布的中心极限定理)　设随机变量序列$X_1,X_2,\cdots,X_n,\cdots$独立同分布,且$E(X_i)=\mu,D(X_i)=\sigma^2>0,i=1,2,\cdots$,则随机变量之和$\sum\limits_{i=1}^{n}X_i$的标准化随机变量

$$Y_n = \frac{\sum\limits_{i=1}^{n}X_i - E\left(\sum\limits_{i=1}^{n}X_i\right)}{\sqrt{D\left(\sum\limits_{i=1}^{n}X_i\right)}} = \frac{\sum\limits_{i=1}^{n}X_i - n\mu}{\sqrt{n}\cdot\sigma}$$

的分布函数$F_n(x)$对于任意x满足

$$\lim_{n\to\infty}F_n(x) = \lim_{n\to\infty}P\left(\frac{\sum\limits_{i=1}^{n}X_i - n\mu}{\sqrt{n}\cdot\sigma} \leqslant x\right) = \frac{1}{\sqrt{2\pi}}\int_{-\infty}^{x}\exp\left(-\frac{t^2}{2}\right)\mathrm{d}t.$$

证明略.

独立同分布的中心极限定理表明,如果一个随机变量 ξ 可以表示成很多个独立同分布随机变量 ξ_i 的和,那么无论 ξ_i 服从什么分布,ξ 都近似服从正态分布.下面的定理是独立同分布中心极限定理的特殊情况.

定理 4.2.2(隶莫弗-拉普拉斯中心极限定理) 设随机变量 $Y_n(n=1,2,\cdots)$ 服从参数为 n、p 的二项分布 $b(n,p)(0<p<1)$,则对于任意的 x,有

$$\lim_{n\to\infty}P\left(\frac{Y_n-np}{\sqrt{np(1-p)}}\leqslant x\right)=\frac{1}{\sqrt{2\pi}}\int_{-\infty}^{x}\exp\left(-\frac{t^2}{2}\right)dt.$$

隶莫弗-拉普拉斯中心极限定理表明,正态分布是二项分布的极限分布,当 n 充分大时,可以利用正态分布来近似二项分布.

例 4.2.1 一复杂的系统由 100 个相互独立起作用的部件组成,在整个运行期间部件损坏的概率为 0.10.为了使整个系统起作用,至少必须有 85 个部件正常工作,试求整个系统起作用的概率.

解 在任一时刻,对每个部件考察其是否正常工作,就相当于进行了一次伯努利试验.又因为各个部件是否工作是相互独立的,所以对这 100 个部件的逐一考察可看成是 100 重伯努利试验.设 X 为某时刻正常工作的部件的个数,有 $X\sim b(100,0.90)$.用隶莫弗-拉普拉斯定理,则

$$P(85\leqslant X\leqslant 100)=P\left(\frac{85-90}{\sqrt{100\times0.9\times0.1}}\leqslant\frac{X-90}{\sqrt{100\times0.9\times0.1}}\leqslant\frac{100-90}{\sqrt{100\times0.9\times0.1}}\right)$$

$$\approx\Phi\left(\frac{10}{3}\right)-\Phi\left(-\frac{5}{3}\right)\approx0.952.$$

例 4.2.2 一个加法器同时收到 20 个噪声电压 $U_k(k=1,2,\cdots,20)$,假设它们相互独立且都服从区间 $(0,10)$ 上的均匀分布,记 $U=\sum_{k=1}^{20}U_k$,求 $P(U>105)$ 的近似值.

解 因为 $U_k(k=1,2,\cdots,20)$ 服从区间 $(0,10)$ 上的均匀分布,所以

$$E(U_k)=5,\quad D(U_k)=\frac{100}{12}\quad(k=1,2,\cdots,20).$$

记随机变量

$$Z=\frac{\sum_{k=1}^{20}U_k-20\times5}{\sqrt{\frac{100}{12}}\sqrt{20}}=\frac{U-20\times5}{\frac{10}{\sqrt{12}}\sqrt{20}},$$

则由隶莫弗-拉普拉斯中心极限定理,Z 近似服从标准正态分布,于是

$$P(U>105)=P\left(\frac{U-20\times 5}{(10/\sqrt{12})\sqrt{20}}>\frac{105-20\times 5}{(10/\sqrt{12})\sqrt{20}}\right)=P\left(\frac{U-20\times 5}{(10/\sqrt{12})\sqrt{20}}>0.387\right)$$

$$=1-P\left(\frac{U-100}{(10/\sqrt{12})\sqrt{20}}\leqslant 0.387\right)=1-P(Z\leqslant 0.387)$$

$$\approx 1-\Phi(0.387)=0.348$$

从而
$$P(U>105)\approx 0.348.$$

本章主要术语的英汉对照表

依概率收敛	convergence in probability
大数定理	law of large numbers
切比雪夫不等式	the Chebyshev inequality
伯努利大数定理	Bernoulli' law of large numbers
辛钦大数定理	Khinchine' law of large numbers
中心极限定理	central limit theorem
独立同分布的中心极限定理	independence and distribution central limit theorem
隶莫弗-拉普拉斯定理	De Moivre-Laplace theorem

习 题 4

1. 在每次试验中,事件 A 发生的概率为 0.75. 利用切比雪夫不等式,试求 n 需要多大时,才能使得在 n 次重复独立试验中事件 A 发生的频率在 $0.74\sim 0.76$ 之间的概率至少为 0.90.

2. 设随机变量 $X_1,X_2,\cdots,X_n,\cdots$ 相互独立,且服从相同的分布,$E(X_i)=0,D(X_i)=\sigma^2$,又 $E(X_i^4)(i=1,2,\cdots)$ 存在,试证对任意的 $\varepsilon>0$,有

$$\lim_{n\to\infty}P\left(\left|\frac{1}{n}\sum_{i=1}^{n}X_i^2-\sigma^2\right|<\varepsilon\right)=1.$$

提示:由 $X_i(i=1,2,\cdots)$ 相互独立知,X_i^2 相互独立.

3. 某工厂有 400 台同类机器,各台机器发生故障的概率都是 0.02. 假设各台机器工作是相互独立的,试求机器出故障的台数不小于 2 的概率.

4. 一船舶在某海区航行,已知每遭受一次波浪的冲击,纵摇角大于 $3°$ 的概率 $p=\dfrac{1}{3}$,

若船舶遭受了 90000 次波浪冲击,试求其中有 29500～30500 次纵摇角大于 3°的概率.

5. 大学英语四级考试,设有 85 道选择题,每题有四个备选答案,只有一个正确,若要通过考试,必须答对 51 题以上,试问某学生靠运气能通过四级考试的概率有多大?

6. 设每次对敌阵地炮击的命中数的数学期望为 0.4,方差为 2.25,求在 1000 次炮击中有 380 颗到 420 颗炮弹击中的概率的近似值.

第二篇

数理统计

前四章属于概率论范畴,从本篇开始的内容属于数理统计范畴.

与概率论一样,数理统计也是研究随机现象的统计规律性,但二者在研究方法上有所不同.概率论是在假设随机变量分布已知的前提下,通过推理演绎,研究随机变量的性质、特点和规律性,比如求其数字特征、讨论其函数的分布等.而数理统计是在分布未知或不完全已知的前提下,从对随机现象的观测入手,研究如何科学收集数据并根据收集到的数据对随机变量的分布做出合理推断.通常认为,数理统计以概率论为基础,比概率论更具实践性.

数理统计包括:如何收集、整理数据,即抽样调查;如何根据所得数据对研究对象的性质、特点做出推断,即统计推断.

本书只介绍统计推断的基本内容.统计推断主要包括参数估计和假设检验两部分.

当总体的分布含有一个或多个未知参数时,通过样本信息确定出未知参数的值或取值的范围,这类问题称为**参数估计**.18 世纪末,德国数学家高斯首先提出参数估计的方法,并用来计算天体运行的轨道.20 世纪 60 年代,随着电子计算机的普及,参数估计有了飞速的发展.

在总体分布完全未知或只知其形式、不知其参数的情况下,为了推断总体的某些未知特性,提出某些关于总体的假设,然后根据样本信息对提出的假设作出接受或者拒绝的决策,这个过程就称为**假设检验**.假设检验是统计推断的又一大类问题,该类问题最早由卡尔·皮尔逊(Karl Pearson,1857—1936)于 20 世纪初提出,后经费舍尔(R. A. Fisher,1890—1962)细化发展,最终由奈曼(Neyman,1894—1981)和 E. 皮尔逊(E. Pearson,1895—1980)建成了较为完整的假设检验理论.

第5章 抽样分布

学习目标:通过本章学习,学员应理解总体和样本的概念,掌握统计量、样本均值、样本方差和样本矩的概念和性质,了解统计学三大分布,掌握分位数的概念并会查表,掌握正态总体有关常用统计量的分布.

本章介绍总体、样本、统计量等基本概念,并着重介绍几个常用统计量及抽样分布.

5.1 总体、样本和统计量

在数理统计中,把研究对象的全体称为**总体**,而把组成总体的每一个单元称为**个体**.例如研究某工厂生产的灯泡的平均寿命,则该工厂生产的所有灯泡就组成一个总体,其中,每一只灯泡就是一个个体.

但实际上,通常我们并不真正关心研究对象的所有特性,而仅是对它的某项数值指标感兴趣.比如,考察灯泡时,我们并不关心它的形状、式样等特征,而只是关心灯泡寿命这个数值指标的大小.每个被考察的灯泡都有一个唯一确定的寿命数值,自然地,我们通常也把这些寿命数值的全体看作总体,此时每个灯泡的寿命值就是个体.

我们知道,由于受到各种偶然因素的影响,灯泡寿命是一个随机变量 X,每个灯泡的寿命值可以看作该随机变量 X 的可能值,而总体就是它的所有可能值的全体.当总体中个体数量很大时,我们干脆就用该随机变量 X 来代表总体,并称该随机变量所服从的分布 $F(x)$ 为**总体分布**.

要了解总体的性质,必须对其中的个体进行观测统计.观测统计的方法有两类:一类是全面观测,即对全部个体逐个进行观测,这样做当然可以达到了解总体的目的,但实际上全面的观测统计方法在很多情况下是行不通的.例如测试灯泡或显像管的寿命、炸弹的爆炸性能等,这些试验是破坏性的,客观情况不允许逐个测试.有的观测虽不是破坏性的,但总体所包含的个体数量很大,不可能对其进行逐个观测或者逐个观测所耗费的时间、资金太多,得不偿失.另一类观测统计方法是抽样统计,即从总

体 X 中抽取 n 个个体 $X_1,X_2,\cdots,X_n$ 进行观测,然后根据这 n 个个体的某性质来推断总体的该性质,这是实际中常用的方法.这 n 个个体 $X_1,X_2,\cdots,X_n$ 叫做总体的一个**样本**,n 叫做该**样本的容量**.

　　从总体中抽取样本,必须使样本具有好的代表性,才能使得对总体的推断具有可靠性.而为了获取有代表性的样本,就必须对样本抽取方法做出限制.现在介绍一种抽样方法:

　　(1) 总体中每个个体入选样本的机会均等;

　　(2) 样本中的分量互相独立,即每个分量的结果不受其他分量结果的影响,也不影响其他分量的结果.

　　满足以上两个条件的抽样称为**简单随机抽样**,其样本称为**简单随机样本**.今后,除非特别声明,本书中提到的"样本"均指简单随机样本.从简单随机样本的抽取方式上不难看出:简单随机样本的分量之间相互独立且与总体同分布.

　　从总体 X 中抽取一个个体,实质上就是对该总体进行一次观测,取得一个观测值.对总体 X 进行 n 次独立重复观测,就相当于从总体中抽取一个容量为 n 的简单随机样本 $X_1,X_2,\cdots,X_n$,观测完成后得到的一组具体的实数 $x_1,x_2,\cdots,x_n$,称为**样本值**.

　　样本是总体的代表和反映,得到样本之后,往往不是直接利用样本进行推断,而是对样本进行加工整理,把样本中所包含的我们关心的信息集中起来.这便需要构造关于样本的某种函数,这种函数在数理统计中称为统计量.

　　定义 5.1.1　设 $X_1,X_2,\cdots,X_n$ 为总体 X 的一个样本,$g(X_1,X_2,\cdots,X_n)$ 是样本的一个函数.若 $g(X_1,X_2,\cdots,X_n)$ 不含未知参数,则称 $g(X_1,X_2,\cdots,X_n)$ 为一个**统计量**.

　　若 $x_1,x_2,\cdots,x_n$ 是对应于样本 $X_1,X_2,\cdots,X_n$ 的样本值,则称 $g(x_1,x_2,\cdots,x_n)$ 为统计量 $g(X_1,X_2,\cdots,X_n)$ 的观测值.

　　常用的统计量

　　设 $X_1,X_2,\cdots,X_n$ 为总体 X 的一个样本,则有如下常用的统计量.

　　1. 样本均值

$$\overline{X} = \frac{1}{n}\sum_{i=1}^{n}X_i.$$

　　2. 样本方差

$$S^2 = \frac{1}{n-1}\sum_{i=1}^{n}(X_i - \overline{X})^2.$$

　　3. 样本标准差

$$S = \sqrt{\frac{1}{n-1}\sum_{i=1}^{n}(X_i - \overline{X})^2}.$$

4. 样本 k 阶原点矩

$$A_k = \frac{1}{n}\sum_{i=1}^{n} X_i^k, \quad k = 1, 2, \cdots.$$

5. 样本 k 阶中心矩

$$B_k = \frac{1}{n}\sum_{i=1}^{n}(X_i - \overline{X})^k, \quad k = 1, 2, \cdots.$$

我们指出,若总体 X 的 k 阶矩 $E(X^k) = \mu_k$ 存在,则当 $n \to \infty$ 时,

$$A_k \xrightarrow{P} \mu_k, \quad k = 1, 2, \cdots.$$

这是因为 $X_1, X_2, \cdots, X_n$ 独立且与 X 同分布,所以 $X_1^k, X_2^k, \cdots, X_n^k$ 独立且与 X^k 同分布,故有

$$E(X_1^k) = E(X_2^k) = \cdots = E(X_n^k) = \mu_k,$$

由辛钦大数定律知,

$$A_k = \frac{1}{n}\sum_{i=1}^{n} X_i^k \xrightarrow{P} \mu_k, \quad k = 1, 2, \cdots.$$

这个结论是第 6 章参数估计中矩估计法的理论基础.

5.2　抽样分布

统计量作为随机变量有其自己的分布,我们称统计量的分布为**抽样分布**.一般来说,要确定某个统计量的分布是很困难的,有时甚至是不可能的,而对于总体服从正态分布的情形却已经有了详尽的研究.下面介绍常用的由正态总体导出的抽样分布.

5.2.1　χ^2 分布

定义 5.2.1　设 $X_1, X_2, \cdots, X_n$ 是来自总体 $N(0, 1)$ 的样本,则统计量

$$\chi^2 = X_1^2 + X_2^2 + \cdots + X_n^2$$

服从自由度为 n 的 χ^2 分布,记为 $\chi^2 \sim \chi^2(n)$.

χ^2 分布是统计推断中最重要的连续型分布之一,它是由海尔墨特和卡尔·皮尔逊分别于 1875 年和 1900 年各自独立导出的.

$\chi^2(n)$ 的概率密度函数为

$$f(x)=\begin{cases} \dfrac{1}{2^{\frac{n}{2}}\,\Gamma\left(\dfrac{n}{2}\right)}x^{\frac{n}{2}-1}\mathrm{e}^{-\frac{x}{2}}, & x>0, \\ 0, & x\leqslant 0, \end{cases}$$

其中，$\Gamma(r)=\displaystyle\int_{0}^{+\infty}x^{r-1}\mathrm{e}^{-x}\mathrm{d}x.$

求 χ^2 分布密度函数的过程较繁，此处从略. 其密度函数的图形如图 5.1 所示.

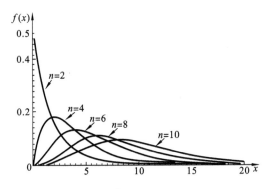

图 5.1 χ^2 分布的密度曲线

从图可以看出 χ^2 分布具有以下几个特点：

(1) χ^2 分布的概率密度函数曲线的形状取决于其自由度的大小；

(2) χ^2 分布为不对称分布，但随着其自由度 n 的增大，逐渐趋向于对称.

定理 5.2.1(χ^2 分布的可加性) 设随机变量 X 服从自由度为 n_1 的 χ^2 分布，Y 服从自由度为 n_2 的 χ^2 分布，且 X 与 Y 相互独立，则 $X+Y$ 服从自由度为 n_1+n_2 的 χ^2 分布.

证明从略.

由上面定理，不难推出下面的结论.

推论 若 $X_1,X_2,\cdots,X_k$ 相互独立，都服从 χ^2 分布，自由度分别为 $n_1,n_2,\cdots,n_k$，则有

$$X_1+X_2+\cdots+X_k\sim\chi^2(n_1+n_2+\cdots+n_k).$$

下面讨论 χ^2 分布的数字特征.

例 5.2.1 试证：若 $\chi^2\sim\chi^2(n)$，则 $E(\chi^2)=n,D(\chi^2)=2n.$

证 事实上，因 $X_i\sim N(0,1)$，故

$$E(X_i^2)=D(X_i)=1,$$

$$D(X_i^2)=E(X_i^4)-[E(X_i^2)]^2=3-1=2,\quad i=1,2,\cdots,n.$$

于是
$$E(\chi^2) = E\left(\sum_{i=1}^{n} X_i^2\right) = \sum_{i=1}^{n} E(X_i^2) = n,$$

$$D(\chi^2) = D\left(\sum_{i=1}^{n} X_i^2\right) = \sum_{i=1}^{n} D(X_i^2) = 2n.$$

χ^2 分布的上分位点　设 $\chi^2(n)$ 服从自由度为 n 的 χ^2 分布,对于给定的 $\alpha(0<\alpha<1)$,将满足 $P(\chi^2(n)>\lambda)=\alpha$ 的 λ,称为 $\chi^2(n)$ 分布的**上 α 分位点**,记为 $\chi_\alpha^2(n)$,它与 n 和 α 有关,见图 5.2.

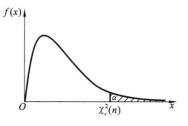

$\chi^2(n)$ 分布的上 α 分位点的具体数值可通过查书后附表得到.

图 5.2　χ^2 分布的上 α 分位点示意图

例 5.2.2　从总体 $N(1,4)$ 中抽取一个容量为 n 的样本 $X_1, X_2, \cdots, X_n$,记 $Y = \sum_{i=1}^{n}(X_i-1)^2$,若要使 $P(Y \leqslant 100) \geqslant 0.95$,问 n 至多能取多大?

解　由 $X_i \sim N(1,4)$ 且互相独立,得 $\dfrac{X_i-1}{2} \sim N(0,1)(i=1,2,\cdots,n)$ 且相互独立.于是
$$\sum_{i=1}^{n}\left(\frac{X_i-1}{2}\right)^2 = \frac{1}{4}\sum_{i=1}^{n}(X_i-1)^2 = \frac{Y}{4} \sim \chi^2(n),$$

从而
$$P(Y \leqslant 100) = P\left(\frac{Y}{4} \leqslant 25\right) \geqslant 0.95,$$

即
$$P\left(\frac{Y}{4} > 25\right) \leqslant 0.05.$$

查表得 $\chi_{0.05}^2(15)=25$,故自由度 $n=15$,即样本容量最多可取到 15.

5.2.2　t 分布

定义 5.2.2　设 $X \sim N(0,1)$,$Y \sim \chi^2(n)$,且 X 与 Y 相互独立,则随机变量 $t = \dfrac{X}{\sqrt{Y/n}}$ 服从自由度为 n 的 t 分布,记为 $t \sim t(n)$.

t 分布又称为"学生氏"(student)分布,是由英国统计学家戈塞特(Gosset,1876—1937)在 1908 年的论文中首次提出的.戈塞特曾经在爱尔兰首都都柏林 A. 吉尼斯父子的啤酒厂工作,在对啤酒厂进行质量控制的研究中,他意识到需要进行小样本统计推断,发现了 t 分布.但当时啤酒厂有规定,禁止雇员将研究成果公开发表.于是戈塞特偷

偷以笔名 student 发表了 t 分布的发现. 正是因为这个原因, t 分布又称为"学生氏"分布.

t 分布的密度函数为

$$f(x)=\frac{\Gamma\left(\dfrac{n+1}{2}\right)}{\sqrt{n\pi}\,\Gamma\left(\dfrac{n}{2}\right)}\left(1+\frac{x^2}{n}\right)^{-\frac{n+1}{2}},\quad -\infty<x<+\infty.$$

它的图形如图 5.3 所示.

结合图形可得 t 分布的如下性质:

(1) 密度函数为偶函数, 其图形关于直线 $x=0$ 对称;

(2) 当 $n=1$ 时, 密度函数为 $f(x)=\dfrac{1}{\pi}\cdot\dfrac{1}{1+x^2}$, $x\in\mathbf{R}$(柯西分布);

(3) 当 $n\to\infty$ 时, $\lim\limits_{n\to\infty}f(x)=\dfrac{1}{\sqrt{2\pi}}\mathrm{e}^{-\frac{x^2}{2}}$, 即当 n 很大时(一般只要 $n>30$), t 分布非常接近于标准正态分布.

关于 t 分布的数字特征, 有结论: 当 $n>2$ 时, $E(t)=0$, $D(t)=\dfrac{n}{n-2}$.

t 分布的上分位点　设 $t\sim t(n)$, 对于给定的 $\alpha(0<\alpha<1)$, 由 $P(t>\lambda)=\alpha$ 所确定的 λ, 称作自由度为 n 的 t 分布的上 α 分位点, 记为 $t_\alpha(n)$, 如图 5.4 所示. 书末附有 t 分布的分位数表.

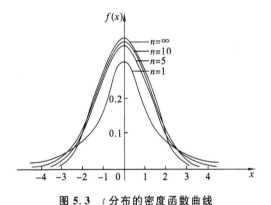

图 5.3　t 分布的密度函数曲线

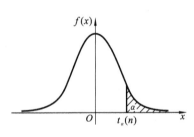

图 5.4　t 分布上 α 分位点示意图

例 5.2.3　求证 $t_{1-\alpha}(n)=-t_\alpha(n)$.

证明　因为 t 分布的密度函数是偶函数, 其曲线关于 $x=0$ 对称, 所以

$$P(t\geqslant-t_\alpha(n))=P(t\leqslant t_\alpha(n)).$$

又

$$P(t\leqslant t_\alpha(n))=1-P(t>t_\alpha(n))=1-\alpha,$$

所以

$$P(t\geqslant-t_\alpha(n))=1-\alpha.$$

由 t 分布上分位点的定义,即知 $t_{1-\alpha}(n)=-t_{\alpha}(n)$.

5.2.3　F 分布

定义 5.2.3　设随机变量 X 与 Y 相互独立,且 $X\sim\chi^2(n_1)$,$Y\sim\chi^2(n_2)$,则称随机变量

$$F=\frac{X/n_1}{Y/n_2}$$

服从自由度为 (n_1,n_2) 的 **F 分布**,记为 $F\sim F(n_1,n_2)$.

F 分布的概率密度函数为

$$f(x)=\begin{cases}\dfrac{\Gamma\left(\dfrac{n_1+n_2}{2}\right)}{\Gamma\left(\dfrac{n_1}{2}\right)\Gamma\left(\dfrac{n_2}{2}\right)}\left(\dfrac{n_1}{n_2}\right)x^{\frac{n_1}{2}-1}\left(1+\dfrac{n_1}{n_2}x\right)^{-\frac{n_1+n_2}{2}}, & x>0,\\0, & x\leqslant0.\end{cases}$$

F 分布的概率密度曲线如图 5.5 所示.易发现该图形类似于 χ^2 分布的密度函数图形,其图形也是不对称的.

由 F 分布的定义易知:

(1) 若 $F\sim F(n_1,n_2)$,则 $\dfrac{1}{F}=\dfrac{Y/n_2}{X/n_1}\sim F(n_2,n_1)$;

(2) 若 $t\sim t(n)$,则 $t^2\sim F(1,n)$.

F 分布的上分位点　设随机变量 $F\sim F(n_1,n_2)$,对于给定的 $\alpha(0<\alpha<1)$,由 $P(F>\lambda)=\alpha$ 所确定的实数 λ,称作自由度为 n_1 和 n_2 的 F 分布的上 α 分位点,记为 $F_{\alpha}(n_1,n_2)$,如图 5.6 所示.

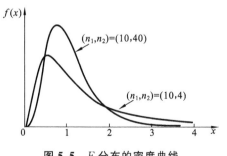

图 5.5　F 分布的密度曲线

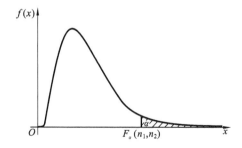

图 5.6　F 分布的上 α 分位点

书末附表 6 是 F 分布上 α 分位点 $F_{\alpha}(n_1,n_2)$ 的数值表.对给定的 α 和自由度 (n_1,n_2),查该表可得 $F_{\alpha}(n_1,n_2)$ 具体数值,比如 $F_{0.1}(10,10)=2.32$,$F_{0.025}(10,20)=2.77$.

F 分布上 α 分位点有一个重要性质:

$$F_{1-\alpha}(n_1,n_2)=\frac{1}{F_\alpha(n_2,n_1)}.$$

利用这个性质可求出 F 分布表中没有列出的一些上 α 分位点,如

$$F_{0.975}(20,10)=\frac{1}{F_{0.025}(10,20)}=\frac{1}{2.77}\approx0.361.$$

5.2.4　正态总体的抽样分布

对于样本均值 $\overline{X}$ 和样本方差 S^2,有下面的结论.

定理 5.2.2　设 $X_1,X_2,\cdots,X_n$ 为来自总体 $N(\mu,\sigma^2)$ 的样本,$\overline{X},S^2$ 分别为样本均值与样本方差,则有:

(1) $\overline{X}\sim N\left(\mu,\dfrac{\sigma^2}{n}\right)$;

(2) $\dfrac{(n-1)S^2}{\sigma^2}\sim\chi^2(n-1)$;

(3) $\overline{X}$ 与 S^2 相互独立.

证明从略.

定理 5.2.3　设 $X_1,X_2,\cdots,X_n$ 为来自总体 $N(\mu,\sigma^2)$ 的样本,$\overline{X},S^2$ 分别为样本均值与样本方差,则有

$$\frac{\overline{X}-\mu}{S/\sqrt{n}}\sim t(n-1).$$

证　由正态分布的性质及定理 5.2.2 可知

$$\frac{\overline{X}-\mu}{\sigma/\sqrt{n}}\sim N(0,1),\quad\frac{(n-1)S^2}{\sigma^2}\sim\chi^2(n-1),$$

且 $\dfrac{\overline{X}-\mu}{\sigma/\sqrt{n}}$ 与 $\dfrac{(n-1)S^2}{\sigma^2}$ 相互独立.由 t 分布的定义可知

$$\frac{\overline{X}-\mu}{S/\sqrt{n}}=\frac{\overline{X}-\mu}{\sigma/\sqrt{n}}\Bigg/\sqrt{\frac{(n-1)S^2}{\sigma^2(n-1)}}\sim t(n-1).$$

对于两个正态总体的样本均值和样本方差有下面的结论.

定理 5.2.4　设 $X_1,X_2,\cdots,X_{n_1}$ 与 $Y_1,Y_2,\cdots,Y_{n_2}$ 分别为来自总体 $N(\mu_1,\sigma_1^2)$ 和 $N(\mu_2,\sigma_2^2)$ 的样本,且这两个样本相互独立.设 $\overline{X}$ 和 $\overline{Y}$ 分别为这两个样本的样本均值,S_1^2 和 S_2^2 分别为这两个样本的样本方差,则有:

(1) $\dfrac{S_1^2/S_2^2}{\sigma_1^2/\sigma_2^2}\sim F(n_1-1,n_2-1)$;

（2）当 $\sigma_1^2=\sigma_2^2=\sigma^2$ 时，

$$\frac{(\overline{X}-\overline{Y})-(\mu_1-\mu_2)}{S_w\sqrt{\dfrac{1}{n_1}+\dfrac{1}{n_2}}}\sim t(n_1+n_2-2),$$

其中，$S_w^2=\dfrac{(n_1-1)S_1^2+(n_2-1)S_2^2}{n_1+n_2-2}$，$S_w=\sqrt{S_w^2}$.

证明从略.

本节介绍的三大分布和几个定理，在后面的各章中都会经常用到，非常重要，要熟练掌握.需要引起注意的是，这些分布和定理都是在总体为正态总体这个基本假定下得到的.

本章主要术语的英汉对照表

总体	population
个体	individual
简单随机样本	simple random sample
统计量	statistic
样本均值	sample mean
样本方差	sample variance
样本 k 阶原点矩	sample origin moment of order k
样本 k 阶中心矩	sample central moment of order k
抽样分布	sampling distribution
χ^2 分布	χ^2-distribution
α 分位点	percentile of α
t 分布	t-distribution
F 分布	F-distribution

习 题 5

1. 求下列各组样本值的平均值和样本方差：

（1）18,20,19,22,20,21,19,19,20,21；

(2) $54,67,68,78,70,66,67,70$.

2. 已知总体 $X \sim N(\mu, \sigma^2)$，其中 σ^2 已知，而 μ 未知，设 X_1, X_2, X_3 是取自总体 X 的样本.试问下面哪些是统计量？

　　(1) $X_1 + X_2 + X_3$；　　　　　　　(2) $X_1 - 3\mu$；

　　(3) $X_2^2 + \sigma^2$；　　　　　　　　(4) $X_1 + \mu + \sigma^2$.

3. 从正态总体 $X \sim N(3.4, 6^2)$ 中抽取容量为 n 的样本，如果要使其样本均值位于 $(1.4, 5.4)$ 内的概率不小于 0.95，问样本容量 n 至少为多大？

4. 设 $X_1, X_2, \cdots, X_n$ 为 $N(0, 0.3^2)$ 的一个样本，求 $P\left(\sum_{i=1}^{10} X_i^2 > 1.44\right)$.

5. 某厂生产的灯泡使用寿命 $X \sim N(2500, 250^2)$，现进行质量检查，方法如下：任意挑选若干个灯泡，如果这些灯泡的平均寿命超过 2450（单位：小时），就认为该厂生产的灯泡质量合格.若要使检查能通过的概率超过 99%，至少应检查多少个灯泡？

6. 设总体 $X \sim \chi^2(n)$，$X_1, X_2, \cdots, X_{10}$ 是来自 X 的样本，求 $E(\bar{X}), D(\bar{X}), E(S^2)$.

7. 设总体 X 服从标准正态分布，从该总体中取出一个容量为 6 的样本 $X_1, X_2, \cdots, X_6$，令

$$Y = (X_1 + X_2 + X_3)^2 + (X_4 + X_5 + X_6)^2.$$

试求常数 c，使得随机变量 cY 服从 χ^2 分布，并求该 χ^2 分布的自由度.

8. 设 $\xi_1, \xi_2, \cdots, \xi_n$ 是相互独立同分布的随机变量，且都服从 $N(0, \sigma^2)$，求证：

　　(1) $\dfrac{1}{\sigma^2} \sum_{i=1}^{n} \xi_i^2 \sim \chi^2(n)$；　　(2) $\dfrac{1}{n\sigma^2}\left(\sum_{i=1}^{n} \xi_i\right)^2 \sim \chi^2(1)$.

9. 设 $X_1, X_2, \cdots, X_9$ 是取自正态总体 $X \sim N(\mu, \sigma^2)$ 的样本，且

$$Y_1 = \frac{1}{6}(X_1 + X_2 + \cdots + X_6), \quad Y_2 = \frac{1}{3}(X_7 + X_8 + X_9), \quad S^2 = \frac{1}{2}\sum_{i=7}^{9}(X_i - Y_2)^2.$$

求证：$Z = \dfrac{\sqrt{2}(Y_1 - Y_2)}{S} \sim t(2)$.

10. 设随机变量 $X \sim F(n_1, n_2)$，求 $\dfrac{1}{X}$ 的分布.

11. 已知 $X \sim t(n)$，求证：$X^2 \sim F(1, n)$.

12. 设总体 $X \sim N(0, 4)$，而 $X_1, X_2, \cdots, X_{15}$ 为取自该总体的样本，则随机变量

$$Y = \frac{X_1^2 + X_2^2 + \cdots + X_{10}^2}{2(X_{11}^2 + X_{12}^2 + \cdots + X_{15}^2)}$$

服从什么分布？参数为多少？

13. 对于给定的正数 $\alpha(0 < \alpha < 1)$，设 $Z_\alpha, \chi_\alpha^2(n), t_\alpha(n), F_\alpha(n_1, n_2)$ 分别是 $N(0, 1)$，

$\chi^2(n)$，$t(n)$，$F(n_1,n_2)$的上 α 分位点，则下面的结论中不正确的是（　　）．

(A) $Z_{1-\alpha}=-Z_\alpha$

(B) $\chi^2_{1-\alpha}(n)=-\chi^2_\alpha(n)$

(C) $t_{1-\alpha}(n)=-t_\alpha(n)$

(D) $F_{1-\alpha}(n_1,n_2)=\dfrac{1}{F_\alpha(n_2,n_1)}$

14. 查表求出下面各式的上 α 分位数：

(1) $\chi^2_{0.95}(5)$；　　　　　　(2) $\chi^2_{0.75}(26)$；　　　　　(3) $\chi^2_{0.95}(50)$；

(4) $t_{0.05}(20)$；　　　　　　(5) $t_{0.25}(45)$；　　　　　(6) $t_{0.25}(50)$；

(7) $F_{0.1}(2,3)$；　　　　　　(8) $F_{0.9}(3,2)$；　　　　　(9) $F_{0.025}(10,9)$．

15. 设总体 X 和 Y 相互独立，且都服从正态分布 $N(30,3^2)$，$X_1,X_2,\cdots,X_{20}$ 和 Y_1，$Y_2,\cdots,Y_{25}$ 分别为来自 X 和 Y 的样本，求 $|\overline{X}-\overline{Y}|>0.4$ 的概率．

第6章 参数估计

学习目标:通过本章学习,学员应了解点估计的含义,掌握矩估计法和极大似然估计法;了解估计量优劣的评选标准;理解置信区间的含义,了解区间估计的一般方法;掌握正态总体参数的区间估计方法.

参数估计包括点估计和区间估计.点估计就是用某一个函数值作为总体未知参数的估计值;而区间估计则是给出未知参数的一个范围,使其在一定可信度下包含未知参数的真值.本章主要介绍点估计和区间估计的基本概念和方法,以及估计量的评价标准.

6.1 点估计

6.1.1 点估计的含义

什么是点估计? 为了回答这个问题,我们先来看下面一个例子.

例 6.1.1 某军工厂所产武器每天都要进行检测,发现次品数 X 是一个随机变量. 假设 X 服从参数 $\lambda > 0$ 的泊松分布,参数 λ 为未知. 现有如表 6.1 的样本数据,试估计参数 λ.

表 6.1 武器次品数据表

次品数目	0	1	2	3	4	5	6	$\geqslant 7$
发现天数	71	94	40	36	10	3	1	0

解 因为 $X \sim \pi(\lambda)$,故有 $E(X) = \lambda$,即待估计参数 λ 为总体均值 $E(X)$.

一种直观的想法是:用样本均值 $\overline{X}$ 的观察值 $\overline{x} = \dfrac{1}{n}\sum_{i=1}^{n} x_i$ 来估计总体均值

$E(X)$,从而得到参数 λ 的估计值

$$\hat{\lambda} = \bar{x} = \frac{\sum_{k=0}^{6} k n_k}{\sum_{k=0}^{6} n_k}$$

$$= \frac{1}{255}(0 \times 71 + 1 \times 94 + 2 \times 40 + 3 \times 36 + 4 \times 10 + 5 \times 3 + 6 \times 1)$$

$$= 1.345.$$

在上例中,为了估计参数 λ,我们利用了样本均值 $\bar{X}$ 这个统计量,并用它的观察值 $\bar{x}$ 作为参数 λ 的估计值.

下面是点估计的一般提法.

定义 6.1.1 设总体 X 的分布函数为 $F(x;\theta)$,θ 为未知参数,θ 的可能取值范围称为**参数空间**,记为 Θ. $X_1, X_2, \cdots, X_n$ 是总体 X 的一个样本,$x_1, x_2, \cdots, x_n$ 是相应的样本值. 为估计未知参数 θ,需构造一个适当的统计量 $\hat{\theta} = \hat{\theta}(X_1, X_2, \cdots, X_n)$,用该统计量的观测值 $\hat{\theta} = \hat{\theta}(x_1, x_2, \cdots, x_n)$ 作为 θ 的估计值. 这类问题称为参数的点估计问题. 此时称 $\hat{\theta}(X_1, X_2, \cdots, X_n)$ 为 θ 的**估计量**,称 $\hat{\theta}(x_1, x_2, \cdots, x_n)$ 为 $\hat{\theta}$ 的**估计值**.

参数的点估计的关键是构造估计量,那么如何构造估计量呢?

点估计中,构造估计量的方法有很多,本节介绍最常用的两种:矩估计法和极大似然估计法.

6.1.2 矩估计法

矩估计法是由英国统计学家卡尔·皮尔逊在 1900 年提出的,是构造估计量的最古老的方法之一.

由大数定律可知,当总体的 k 阶矩存在时,样本的 k 阶矩依概率收敛于总体的 k 阶矩,样本矩的连续函数依概率收敛于相应总体矩的连续函数. 因此,可以用样本矩作为相应总体矩的估计量,用样本矩的连续函数作为相应总体矩的连续函数的估计量,这种方法称为**矩估计法**. 用矩估计法确定的估计量称为**矩估计量**,相应的估计值称为**矩估计值**. 矩估计量与矩估计值统称为**矩估计**.

比如,在例 6.1.1 中,我们就是用样本的一阶原点矩(样本均值)来估计总体的一阶原点矩(总体均值).

设总体 X 的分布函数为 $F(x;\theta_1, \theta_2, \cdots, \theta_k)$,其中 $\theta_1, \theta_2, \cdots, \theta_k$ 为未知参数,求这 k 个未知参数矩估计的一般步骤如下.

(1) 求总体 X 的前 k 阶原点矩 $\mu_1, \mu_2, \cdots, \mu_k$,它们一般都是这 k 个未知参数的函

数,即

$$\begin{cases} \mu_1 = g_1(\theta_1, \theta_2, \cdots, \theta_k), \\ \mu_2 = g_2(\theta_2, \theta_2, \cdots, \theta_k), \\ \quad\vdots \\ \mu_k = g_k(\theta_1, \theta_2, \cdots, \theta_k). \end{cases}$$

（2）上式为关于 $\theta_1, \theta_2, \cdots, \theta_k$ 的方程组,解之得

$$\begin{cases} \theta_1 = h_1(\mu_1, \mu_2, \cdots, \mu_k), \\ \theta_2 = h_2(\mu_1, \mu_2, \cdots, \mu_k), \\ \quad\vdots \\ \theta_k = h_k(\mu_1, \mu_2, \cdots, \mu_k). \end{cases}$$

（3）用样本原点矩 A_i 分别代替上式中的总体原点矩 $\mu_i (i=1,2,\cdots,k)$,就可以得到 θ_j 的矩估计量:

$$\hat{\theta}_j = h_j(A_1, A_2, \cdots, A_k), \quad j=1,2,\cdots,k.$$

（4）利用样本观察值,得到参数 θ_j 的矩估计值:

$$\hat{\theta}_j = h_j(a_1, a_2, \cdots, a_k), \quad j=1,2,\cdots,k.$$

矩估计法的优点是比较直观,计算简单,因此使用广泛.

例 6.1.2　设总体 X 的均值 μ 和方差 σ^2 都存在,$X_1, X_2, \cdots, X_n$ 是总体 X 的样本.试求 μ 和 σ^2 的矩估计量.若总体 X 的一组样本观察值为

$$63.2 \quad 63.3 \quad 62.8 \quad 62.9 \quad 62.5$$

计算 μ 和 σ^2 的矩估计值.

解
$$\mu_1 = E(X) = \mu,$$
$$\mu_2 = E(X^2) = D(X) + [E(X)]^2 = \sigma^2 + \mu^2,$$

即得
$$\begin{cases} \mu = \mu_1, \\ \sigma^2 = \mu_2 - \mu_1^2. \end{cases}$$

分别以 A_1, A_2 替代 μ_1, μ_2,得到参数 μ 和 σ^2 的矩估计量分别为

$$\hat{\mu} = \overline{X},$$

$$\hat{\sigma}^2 = \frac{1}{n}\sum_{i=1}^{n} X_i^2 - \overline{X}^2 = \frac{1}{n}\sum_{i=1}^{n}(X_i^2 - \overline{X})^2.$$

利用样本观察值得 μ 和 σ^2 的矩估计值分别为

$$\hat{u} = \overline{x} = \frac{1}{5}(63.2 + 63.3 + 62.8 + 62.9 + 62.5) = 62.94,$$

$$\hat{\sigma}^2 = \frac{1}{5}\sum_{i=1}^{5}(x_i - 62.94)^2 = 0.0824.$$

例 6.1.2 告诉我们,无论总体 X 服从何种分布,只要其期望 μ 和方差 σ^2 存在,那

么样本均值和样本二阶中心矩就是 μ 和 σ^2 的矩估计量.

例 6.1.3 设总体 X 在区间 $[a,b]$ 上服从均匀分布, a,b 未知. $X_1, X_2, \cdots, X_n$ 是总体 X 的一个样本, 求 a,b 的矩估计量 $\hat{a}, \hat{b}$.

解
$$\mu_1 = E(X) = \frac{a+b}{2},$$

$$\mu_2 = E(X^2) = D(X) + [E(X)]^2 = \frac{(b-a)^2}{12} + \frac{(b+a)^2}{4},$$

即
$$\begin{cases} \dfrac{a+b}{2} = \mu_1, \\ \dfrac{(b-a)^2}{12} + \dfrac{(a+b)^2}{4} = \mu_2, \end{cases}$$

解之得
$$\begin{cases} a = \mu_1 - \sqrt{3(\mu_2 - \mu_1^2)}, \\ b = \mu_1 + \sqrt{3(\mu_2 - \mu_1^2)}. \end{cases}$$

分别以 A_1, A_2 替代 μ_1, μ_2, 得到参数 μ 和 σ^2 矩估计量分别为

$$\hat{a} = A_1 - \sqrt{3(A_2 - A_1^2)} = \overline{X} - \sqrt{\frac{3}{n}\sum_{i=1}^{n}(X_i - \overline{X})^2},$$

$$\hat{b} = A_1 + \sqrt{3(A_2 - A_1^2)} = \overline{X} + \sqrt{\frac{3}{n}\sum_{i=1}^{n}(X_i - \overline{X})^2}.$$

例 6.1.4 已知总体 X 服从参数为 θ 的指数分布, 其密度函数为

$$f(x;\theta) = \begin{cases} \dfrac{1}{\theta} e^{-\frac{x}{\theta}}, & x > 0, \\ 0, & x \leq 0, \end{cases}$$

$X_1, X_2, \cdots, X_n$ 为总体 X 的一个样本. 求 θ 的矩估计量 $\hat{\theta}$.

解 因为总体 X 只含一个未知参数, 所以只需列一个方程. 由指数分布的性质可得

$$\mu_1 = E(X) = \theta.$$

于是, 由 $\theta = \mu_1$ 得 θ 的矩估计量 $\hat{\theta} = \overline{X}$.

另外, 由于 $D(X) = \theta^2$, 得 $\theta = \sqrt{D(X)}$, 因此, θ 的矩估计量也可以取为 $\hat{\theta} = S, S$ 为样本标准差.

这表明矩估计是不唯一的, 这是矩估计的一个缺点. 通常应该尽量用低阶矩给出未知参数的估计, 所以本例的 θ 的矩估计量应取为 $\hat{\theta} = \overline{X}$.

6.1.3 极大似然估计法

极大似然估计法是统计中最重要, 也是使用最为广泛的方法之一. 它最早是由高

斯于 1821 年提出的,但未受到重视. 1922 年,费舍尔再次提出极大似然估计的思想并探讨了它的性质,使之得到广泛研究和应用.

为了对极大似然估计的思想有一个形象的认识,设想如下情境:一个经验丰富的狙击手和一个新手一起执行任务,他们各发一弹,敌人倒下了,但身上只有一个弹孔,那么这个弹孔最有可能是哪个射手击中的呢? 由于老狙击手命中的概率一般大于新狙击手命中的概率,自然大多数人会认为是老狙击手击中的.此问题其实蕴藏着一个重要思想:"概率大的事件在一次试验中容易发生",或者反过来讲,"在一次试验中发生了的事件的概率大",这其实就是极大似然原理,极大似然估计法就是以此作为理论依据的.

为了能够更好地阐明极大似然估计原理,再看下面的例子.

例 6.1.5　用随机变量 X 来描述产品是否合格."$X=0$"表示产品不合格,"$X=1$"表示产品合格,则 X 服从二点分布 $b(1,p)$,其中 p 是未知的合格品率.

我们取一个容量为 n 的样本 $X_1,X_2,\cdots,X_n$,样本观察值为 $x_1,x_2,\cdots,x_n$,样本取到该观察值的概率为

$$P(X_1=x_1,X_2=x_2,\cdots,X_n=x_n) = p^{x_1}(1-p)^{1-x_1}\cdots p^{x_n}(1-p)^{1-x_n}$$
$$= p^{\sum\limits_{i=1}^{n}x_i}(1-p)^{n-\sum\limits_{i=1}^{n}x_i},$$

其中,$x_i=0$ 或 $1,i=1,2,\cdots,n.$

这个概率是未知参数 p 的函数,用 $L(p)$ 表示,即

$$L(p) = p^{\sum\limits_{i=1}^{n}x_i}(1-p)^{n-\sum\limits_{i=1}^{n}x_i}.$$

既然在抽样中得到了观察值 $x_1,x_2,\cdots,x_n$,也就是事件 $\{X_1=x_1,X_2=x_2,\cdots,X_n=x_n\}$ 在试验中发生了,根据极大似然原理,这组观察值出现的概率应该大,也就是函数 $L(p)$ 取值应当越大越好. 故以 $L(p)$ 的最大值点 $\hat{p}$ 作为参数 p 的一个估计值是合理的.

考虑到 $\ln x$ 是 x 的单调函数,$\ln L(p)$ 与 $L(p)$ 有相同的最大值点,故将上式两端取对数得

$$\ln L(p) = \sum_{i=1}^{n}x_i\ln p + \left(n-\sum_{i=1}^{n}x_i\right)\ln(1-p),$$

求其关于 p 的导数并令其为 0,得

$$\frac{\mathrm{d}\ln L(p)}{\mathrm{d}p} = \frac{\sum\limits_{i=1}^{n}x_i}{p} - \frac{n-\sum\limits_{i=1}^{n}x_i}{1-p} = 0.$$

解上式得到

$$\hat{p} = \frac{1}{n}\sum_{i=1}^{n}x_i = \bar{x}.$$

因此,参数 p 的估计量可以取为 $\hat{p} = \dfrac{1}{n}\sum\limits_{i=1}^{n} X_i$.

下面我们给出极大似然估计的定义.

设总体 X 的分布函数为 $F(x;\theta)$,θ 是未知参数,Θ 是参数空间,$X_1,X_2,\cdots,X_n$ 是总体 X 的一个容量为 n 的样本,$x_1,x_2,\cdots,x_n$ 为样本观察值. 样本 $X_1,X_2,\cdots,X_n$ 取到这组观察值的概率一般是 θ 的函数,我们用 $L(\theta)=L(\theta;x_1,x_2,\cdots,x_n)$ 来表示,称为样本的**似然函数**.

我们分两种情况介绍似然函数的形式:

(1) 若总体 X 为离散型,其分布律为 $P(x;\theta)$,$\theta\in\Theta$,则其似然函数为

$$L(\theta;x_1,x_2,\cdots,x_n) = P(X_1 = x_1, X_2 = x_2,\cdots,X_n = x_n;\theta) = \prod_{i=1}^{n} P(X_i = x_i;\theta).$$

(2) 若总体 X 为连续型,其概率密度函数 $f(x;\theta)$,$\theta\in\Theta$,则似然函数可以取为

$$L(\theta;x_1,x_2,\cdots,x_n) = \prod_{i=1}^{n} f(x_i;\theta).$$

当样本的取值确定以后,似然函数 $L(\theta)=L(\theta;x_1,x_2,\cdots,x_n)$ 是未知参数 θ 的函数,取使 $L(\theta)$ 达到最大的 $\hat{\theta}$ 作为参数 θ 的估计值,即

$$L(\hat{\theta};x_1,x_2,\cdots,x_n) = \max_{\theta\in\Theta} L(\theta;x_1,x_2,\cdots,x_n).$$

称 $\hat{\theta}(x_1,x_2,\cdots,x_n)$ 为参数 θ 的**极大似然估计值**,而相应的统计量 $\hat{\theta}(X_1,X_2,\cdots,X_n)$ 称为参数 θ 的**极大似然估计量**.

当 $L(\theta)$ 关于 θ 的导数存在时,可以利用微分学中求极值的方法求得 $\hat{\theta}$,也就是令

$$\frac{\mathrm{d}L}{\mathrm{d}\theta} = 0, \tag{6.1}$$

解方程得到参数 θ 的极大似然估计值,称式(6.1)为**似然方程**.

求 $\dfrac{\mathrm{d}L}{\mathrm{d}\theta}$ 一般比较麻烦,由于 $L(\theta)$ 与 $\ln L(\theta)$ 的最大值点相同,所以我们可以通过求解方程

$$\frac{\mathrm{d}\ln L}{\mathrm{d}\theta} = 0, \tag{6.2}$$

得到 θ 的极大似然估计值,称式(6.2)为**对数似然方程**.

当 $L(\theta)$ 关于 θ 的偏导数不存在或者上述方程无解时,就必须根据极大似然估计的定义和 θ 的范围求 $\hat{\theta}$.

当总体 X 的分布函数为 $F(x;\theta_1,\theta_2,\cdots,\theta_k)$,其中 $\theta_1,\theta_2,\cdots,\theta_k$ 为未知参数时,可以通过求解**对数似然方程组**

$$\frac{\partial\ln L}{\partial\theta_i} = 0, \quad (i=1,2,\cdots,k),$$

得到参数 $\theta_1,\theta_2,\cdots,\theta_k$ 的极大似然估计值.

例 6.1.6 已知总体 X 服从参数为 λ 的泊松分布,其分布律为

$$P\{X=k\}=\frac{1}{k!}\lambda^k e^{-\lambda} \quad (k=0,1,2,\cdots;\lambda>0).$$

$X_1,X_2,\cdots,X_n$ 为总体 X 的一个样本,求 λ 的极大似然估计量 $\hat{\lambda}$.

解 样本似然函数为

$$L(\lambda)=\prod_{i=1}^{n}\frac{\lambda^{x_i}e^{-\lambda}}{x_i!}=e^{-n\lambda}\prod_{i=1}^{n}\frac{\lambda^{x_i}}{x_i!},$$

于是

$$\ln L(\lambda)=-n\lambda+\sum_{i=1}^{n}x_i\ln\lambda-\sum_{i=1}^{n}\ln(x_i!).$$

令

$$\frac{\mathrm{d}}{\mathrm{d}\lambda}\ln L(\lambda)=0,$$

即

$$-n+\frac{1}{\lambda}\sum_{i=1}^{n}x_i=0,$$

解得 λ 的极大似然估计值为

$$\hat{\lambda}=\frac{1}{n}\sum_{i=1}^{n}x_i=\bar{x},$$

相应的 λ 的极大似然估计量为

$$\hat{\lambda}=\frac{1}{n}\sum_{i=1}^{n}X_i=\bar{X}.$$

可见,λ 的极大似然估计量与矩估计量相同(见例 6.1.1).

例 6.1.7 某灯泡厂生产的灯泡寿命(单位:小时)$X\sim N(\mu,\sigma^2)$,μ 和 σ^2 均未知,现从某天生产的一批灯泡中随机抽取 10 只进行寿命试验,测得数据如下:

    1050   1100   1080   1120   1200   1250   1040   1130   1130   1200

求 μ,σ^2 的极大似然估计值.

解 由于总体 $X\sim N(\mu,\sigma^2)$,其概率密度函数为

$$f(x)=\frac{1}{\sqrt{2\pi}\sigma}e^{-\frac{(x-\mu)^2}{2\sigma^2}},$$

所以,似然函数为

$$L(\mu,\sigma^2)=\frac{1}{\sqrt{2\pi}\sigma}e^{-\frac{(x_1-\mu)^2}{2\sigma^2}}\cdot\frac{1}{\sqrt{2\pi}\sigma}e^{-\frac{(x_2-\mu)^2}{2\sigma^2}}\cdots\cdot\frac{1}{\sqrt{2\pi}\sigma}e^{-\frac{(x_n-\mu)^2}{2\sigma^2}}$$

$$=\left(\frac{1}{\sqrt{2\pi}\sigma}\right)^n e^{-\sum\limits_{i=1}^{n}\frac{(x_i-\mu)^2}{2\sigma^2}}.$$

于是

$$\ln L(\mu,\sigma^2)=-\frac{n}{2}\ln(2\pi)-\frac{n}{2}\ln\sigma^2-\sum_{i=1}^{n}\frac{(x_i-\mu)^2}{2\sigma^2},$$

$$\begin{cases} \dfrac{\partial \ln(L)}{\partial \mu} = \dfrac{1}{\sigma^2}\sum_{i=1}^{n}(x_i - \mu) = \dfrac{n}{\sigma^2}(\bar{x} - \mu) = 0, \\ \dfrac{\partial \ln(L)}{\partial \sigma^2} = -\dfrac{n}{2\sigma^2} + \dfrac{1}{2\sigma^4}\sum_{i=1}^{n}(x_i - \mu)^2 = 0, \end{cases}$$

解方程组得

$$\hat{\mu} = \bar{x}, \quad \hat{\sigma}^2 = \frac{1}{n}\sum_{i=1}^{n}(x_i - \bar{x})^2 = b_2,$$

相应的极大似然估计量为

$$\hat{\mu} = \bar{X}, \quad \hat{\sigma}^2 = \frac{1}{n}\sum_{i=1}^{n}(X_i - \bar{X})^2 = B_2.$$

这和矩估计量相同(见例 6.1.2).

由样本值可以计算得到,极大似然估计值为

$$\hat{\mu} = 1130, \quad \hat{\sigma}^2 = 4220.$$

综合上两例的解法,可以归纳出极大似然估计的一般步骤:

(1)作似然函数

$$L(\theta_1, \theta_2, \cdots, \theta_k) = \prod_{i=1}^{n} P(x_i; \theta_1, \theta_2, \cdots, \theta_k);$$

(2)取似然函数的对数

$$\ln L(\theta_1, \theta_2, \cdots \theta_k) = \sum_{i=1}^{n} \ln P(x_i; \theta_1, \theta_2, \cdots, \theta_k);$$

(3)解对数似然方程组

$$\frac{\partial}{\partial \theta_i} \ln L(\theta_1, \theta_2, \cdots, \theta_k) = 0 \quad (i = 1, 2, \cdots, k),$$

得 $\hat{\theta} = (\hat{\theta}_1, \hat{\theta}_2, \cdots, \hat{\theta}_k)$,则 $\hat{\theta}_i$ 即为 $\theta_i (i = 1, 2, \cdots, k)$ 的极大似然估计值.

例 6.1.8 设总体 X 的分布函数为

$$F(x; \theta_1, \theta_2) = \begin{cases} 1 - \left(\dfrac{\theta_1}{x}\right)^{\theta_2}, & x \geqslant \theta_1, \\ 0, & x < \theta_1, \end{cases}$$

其中参数 $\theta_1 > 0$ 已知,参数 $\theta_2 > 1$ 未知.设 $X_1, X_2, \cdots, X_n$ 是总体 X 的一个样本,求未知参数 θ_2 的极大似然估计量.

解 由于总体 X 的概率密度函数为

$$f(x; \theta_1, \theta_2) = F'(x; \theta_1, \theta_2) = \begin{cases} \theta_2 \theta_1 x^{-(\theta_2+1)}, & x \geqslant \theta_1, \\ 0, & x < \theta_1, \end{cases}$$

所以似然函数为

$$L(\theta_2) = \prod_{i=1}^{n} f(x_i; \theta_1, \theta_2) = \prod_{i=1}^{n} \theta_2 \theta_1^{\theta_2} x_i^{-(\theta_2+1)} = \theta_2^n \theta_1^{n\theta_2} \prod_{i=1}^{n} x_i^{-(1+\theta_2)}.$$

取似然函数的对数,得

$$\ln L(\theta_2) = n\ln\theta_2 + n\theta_2\ln\theta_1 - (1+\theta_2)\sum_{i=1}^{n}\ln x_i.$$

令

$$\frac{\mathrm{d}\ln L(\theta_2)}{\mathrm{d}\theta_2} = \frac{n}{\theta_2} + n\ln\theta_1 - \sum_{i=1}^{n}\ln x_i = 0,$$

解得

$$\hat{\theta}_2 = \frac{n}{\sum\limits_{i=1}^{n}\ln x_i - n\ln\theta_1} = \frac{n}{\sum\limits_{i=1}^{n}(\ln x_i - \ln\theta_1)},$$

所以 θ_2 的极大似然估计量为

$$\hat{\theta}_2 = \frac{n}{\sum\limits_{i=1}^{n}\ln X_i - n\ln\theta_1} = \frac{n}{\sum\limits_{i=1}^{n}(\ln X_i - \ln\theta_1)}.$$

例 6.1.9　设总体 $X \sim U[a,b]$,a,b 均是未知的,设 $X_1, X_2, \cdots, X_n$ 是总体 X 的一个样本,求 a,b 的极大似然估计量.

解　由于总体 $X \sim U[a,b]$,其概率密度函数为

$$f(x) = \begin{cases} \dfrac{1}{b-a}, & a \leqslant x \leqslant b, \\ 0, & \text{其他}, \end{cases}$$

所以似然函数为

$$L(a,b) = \begin{cases} \dfrac{1}{(b-a)^n}, & a \leqslant x_1, x_2, \cdots, x_n \leqslant b, \\ 0, & \text{其他}. \end{cases}$$

而

$$\frac{\partial L(a,b)}{\partial a} = \frac{\partial}{\partial a} \frac{1}{(b-a)^n} = \frac{n}{(b-a)^{n+1}} > 0,$$

$$\frac{\partial L(a,b)}{\partial b} = \frac{\partial}{\partial b} \frac{1}{(b-a)^n} = \frac{-n}{(b-a)^{n+1}} < 0,$$

因此,无驻点,需要应用其他方法来求估计量.为此,可直接用观察法:

记
$$x_{(1)} = \min_{1 \leqslant i \leqslant n} x_i, \quad x_{(n)} = \max_{1 \leqslant i \leqslant n} x_i,$$

有
$$a \leqslant x_1, x_2, \cdots, x_n \leqslant b \Leftrightarrow a \leqslant x_{(1)}, \quad \text{且} \quad x_{(n)} \leqslant b,$$

从而,对于满足条件 $a \leqslant x_{(1)}$ 且 $x_{(n)} \leqslant b$ 的任意 a,b,有

$$L(a,b) = \frac{1}{(b-a)^n} \leqslant \frac{1}{(x_{(n)} - x_{(1)})^n}.$$

因此，$L(a,b)$ 在 $a=x_{(1)}$，$b=x_{(n)}$ 时取得最大值

$$L_{\max}(a,b)=\frac{1}{(x_{(n)}-x_{(1)})^n},$$

故 a,b 的极大似然估计值为

$$\hat{a}=x_{(1)}=\min_{1\leqslant i\leqslant n}x_i,\quad \hat{b}=x_{(2)}=\max_{1\leqslant i\leqslant n}x_i,$$

a,b 的极大似然估计量为

$$\hat{a}=X_{(1)}=\min_{1\leqslant i\leqslant n}\{X_i\},\quad \hat{b}=X_{(n)}=\max_{1\leqslant i\leqslant n}\{X_i\}.$$

这和矩估计法得到的估计量是不相同的(见例 6.1.3).

极大似然估计有一个简单而有用的性质：若 $\hat{\theta}$ 是 θ 的极大似然估计，则对任一函数 $g(\theta)$，其极大似然估计为 $g(\hat{\theta})$. 该性质称为**极大似然函数的不变性**.

6.2　估计量优劣的评选标准

通过上一节的学习，我们看到，对于总体分布的同一参数，不同的估计法得到的估计量有时是不相同的. 那么究竟选择哪个估计量好呢？ 下面介绍评价估计量优劣的常用标准，即无偏性、有效性和相合性(一致性).

6.2.1　无偏性

同一估计量在不同的样本值下得到不同的估计值，所以估计量也是一个随机变量. 如果对总体抽取了多个样本(样本容量相同)，得到多个估计值，那么自然希望这些估计值的平均值应当在被估参数真值附近. 这就要求所用估计量的数学期望等于真值，由此引入无偏性标准.

定义 6.2.1　如果未知参数 θ 的估计量 $\hat{\theta}(X_1,X_2,\cdots,X_n)$ 的数学期望 $E(\hat{\theta})$ 存在，且对于任意 θ，都有 $E(\hat{\theta})=\theta$，则称 $\hat{\theta}(X_1,X_2,\cdots,X_n)$ 是 θ 的无偏估计量.

若 $\hat{\theta}(X_1,X_2,\cdots,X_n)$ 是 θ 无偏估计量，表明 $\hat{\theta}(X_1,X_2,\cdots,X_n)$ 尽管随着样本值的变化而不同，但其平均值等于 θ 的真值.

关于常用估计量的无偏性，有下面的结论.

定理 6.2.1　设 $X_1,X_2,\cdots,X_n$ 为取自总体 X 的样本，总体 X 的均值为 μ，方差为 σ^2，则

(1) 样本均值 $\overline{X}$ 是总体均值 μ 的无偏估计；

(2) 样本方差 S^2 是总体方差 σ^2 的无偏估计，而样本标准差 S 是总体标准差的有偏估计；

(3) 样本二阶中心矩 $B_2 = \dfrac{1}{n}\sum\limits_{i=1}^{n}(X_i-\overline{X})^2$ 是总体方差 σ^2 的有偏估计.

证　(1) 因为 $E(X_i)=E(X)=\mu(i=1,2,\cdots,n)$, 所以

$$E(\overline{X}) = E\Big(\frac{1}{n}\sum_{i=1}^{n}X_i\Big) = \frac{1}{n}\sum_{i=1}^{n}E(X_i) = E(X) = \mu,$$

故 $\hat{\mu}=\overline{X}$ 是 μ 的无偏估计量.

(2) 因为 $D(X_i)=D(X)=\sigma^2(i=1,2,\cdots,n)$, 所以

$$D(\overline{X}) = \frac{1}{n^2}\sum_{i=1}^{n}D(X) = \frac{\sigma^2}{n},$$

$$E(S^2) = E\Big[\frac{1}{n-1}\sum_{i=1}^{n}(X_i-\overline{X})^2\Big] = \frac{1}{n-1}\sum_{i=1}^{n}E(X_i-\overline{X})^2$$

$$= \frac{1}{n-1}\Big\{\sum_{i=1}^{n}E(X_i^2) - nE[(\overline{X})^2]\Big\}$$

$$= \frac{1}{n-1}\{n(\mu^2+\sigma^2) - n[D(\overline{X})+[E(\overline{X})]^2]\}$$

$$= \frac{1}{n-1}(n\sigma^2-\sigma^2) = \sigma^2.$$

故 S^2 是 σ^2 的一个无偏估计.

由 $\sigma^2=E(S^2)=D(S)+[E(S)]^2$ 及 $D(S)\geqslant 0$, 可知

$$E(S) = \sqrt{\sigma^2-D(S)}\leqslant\sigma.$$

这表明,虽然样本方差是总体方差的无偏估计,但是它的平方根即样本标准差却不是总体标准差的无偏估计.

(3) 易得　　$E\Big[\dfrac{1}{n}\sum\limits_{i=1}^{n}(X_i-\overline{X})^2\Big] = E\Big(\dfrac{n-1}{n}S^2\Big) = \dfrac{n-1}{n}E(S^2)$

$$= \frac{n-1}{n}\sigma^2 \neq \sigma^2,$$

故样本二阶中心矩 B_2 是总体方差 σ^2 的有偏估计.

值得注意的是,有时同一个待估参数存在多个无偏估计,这时就需要我们采用其他标准进行进一步的评价.

6.2.2　有效性

既然同一参数可以有多个无偏估计,那么如何评价它们的优劣呢? 我们自然认为它们取值集中在真值的程度越高越好,也就是说方差越小越好,由此引入有效性标准.

定义 6.2.2　设未知参数为 θ, $\hat{\theta}_1(X_1, X_2, \cdots, X_n)$ 和 $\hat{\theta}_2(X_1, X_2, \cdots, X_n)$ 都是 θ 的无偏估量,如果有不等式

$$D(\hat{\theta}_1) < D(\hat{\theta}_2)$$

成立,则称 $\hat{\theta}_1$ 是比 $\hat{\theta}_2$ **有效的估计量**.

例如,若总体 X 的期望 μ 和方差 σ^2 都存在,则 X_1 和 $\overline{X}$ 都是 μ 的无偏估计量.但当样本容量 $n > 1$ 时,因为 $D(\overline{X}) = \dfrac{\sigma^2}{n} < \sigma^2 = D(X_1)$,所以 $\overline{X}$ 比 X_1 有效.

6.2.3　相合性(一致性)

在样本容量 n 固定的条件下,我们讨论点估计的无偏性与有效性.当考虑样本容量 n 可变的情形时,直观告诉我们:好的估计量应当随着样本容量 n 的增大,而逐渐稳定于待估计参数的真实值.这样,就有了估计量评价的相合性(一致性)标准.

定义 6.2.3　设 $\hat{\theta}(X_1, X_2, \cdots, X_n)$ 是 θ 的估计量,如果对任意 $\varepsilon > 0$,有

$$\lim_{n \to +\infty} P\{|\hat{\theta}(X_1, X_2, \cdots, X_n) - \theta| < \varepsilon\} = 1,$$

或

$$\lim_{n \to +\infty} P\{|\hat{\theta}(X_1, X_2, \cdots, X_n) - \theta| \geq \varepsilon\} = 0,$$

则称 $\hat{\theta}(X_1, X_2, \cdots, X_n)$ 为 θ 的相合估计(或一致估计).

相合性是对估计量最基本的要求,若估计量不具有相合性,那么无论将样本容量 n 取得多么大,都不能将参数 θ 估计得足够准确,这样的估计量通常都不予考虑.

矩估计量一般都具有相合性.例如,$\overline{X}$ 是 $E(X)$ 的相合估计,S^2 和 B_2 都是 $D(X)$ 的相合估计,S 是 $\sqrt{D(X)}$ 的相合估计.

极大似然估计量在一定条件下也具有相合性.其详细讨论已超出本书范畴,从略.

6.3　区间估计

根据样本值,点估计能够给出未知参数 θ 一个具体数值,但给出的数值与参数真值的偏差程度却不好判断.如果我们能根据样本值,给出 θ 的一个范围,并知道这个范围内包含 θ 真值的可信程度,这对处理实际问题更有意义,由此产生了区间估计的概念.

本节,我们首先给出置信区间的概念,再讨论正态总体参数的区间估计问题.

6.3.1　置信区间的概念

定义 6.3.1　设总体 X 的分布函数 $F(x;\theta)$ 含有未知参数 $\theta,\theta\in\Theta$,对于给定的 α $(0<\alpha<1)$,若由样本 $(X_1,X_2,\cdots,X_n)$ 确定的两个统计量 $\underline{\theta}(X_1,X_2,\cdots,X_n)$ 和 $\bar{\theta}(X_1,X_2,\cdots,X_n)$,使得对于任意 $\theta\in\Theta$,都有

$$P\{\underline{\theta}(X_1,X_2,\cdots,X_n)<\theta<\bar{\theta}(X_1,X_2,\cdots,X_n)\}=1-\alpha, \qquad (6.3)$$

则称随机区间 $(\underline{\theta},\bar{\theta})$ 为 θ 的置信度为 $1-\alpha$ 的双侧置信区间,$1-\alpha$ 称为**置信度**或**置信水平**,$\underline{\theta}$ 和 $\bar{\theta}$ 分别称为置信度为 $1-\alpha$ 的双侧置信区间的**置信下限**和**置信上限**.

公式(6.3)的含义如下:若在总体 X 中反复进行多次抽样(保持样本容量 n 不变),那么每个样本值对应一个区间 $(\underline{\theta},\bar{\theta})$,每个这样的区间要么包含 θ 的真值,要么不包含 θ 的真值.根据伯努利大数定律,平均来看,在这些区间中,包含 θ 真值的约占 $100(1-\alpha)\%$,不包含 θ 真值的约占 $100\alpha\%$.比如,$\alpha=0.05$,反复抽样 1000 次,则得到的 1000 个区间中不包含 θ 真值的区间大约仅为 50 个.

求未知参数置信区间最常用的方法是枢轴量法,具体步骤如下:

(1) 构造未知参数 θ 的一个估计量 $Z=Z(X_1,X_2,\cdots,X_n;\theta)$,它包含待估参数 θ,但不包含其他未知参数,并且 Z 的分布已知,不依赖于任何未知参数,具有这种性质的估计量 Z 称为**枢轴量**.

(2) 对于给定的置信度 $1-\alpha$,根据估计量 Z 的分布的 α 分位点,确定出两个常数 a,b,使

$$P\{a<Z(X_1,X_2,\cdots,X_n;\theta)<b\}=1-\alpha,$$

通常取

$$P\{Z(X_1,X_2,\cdots,X_n;\theta)<a\}=P\{Z(X_1,X_2,\cdots,X_n;\theta)>b\}=\alpha/2.$$

(3) 由 $a<Z(X_1,X_2,\cdots,X_n;\theta)<b$ 解出不等式 $\underline{\theta}(X_1,X_2,\cdots,X_n)<\theta<\bar{\theta}(X_1,X_2,\cdots,X_n)$,则

$$P\{\underline{\theta}(X_1,X_2,\cdots,X_n)<\theta<\bar{\theta}(X_1,X_2,\cdots,X_n)\}=1-\alpha.$$

$(\underline{\theta},\bar{\theta})$ 就是 θ 的置信度为 $1-\alpha$ 的双侧置信区间.

上述方法关键就是构造枢轴量,故把这种方法称为**枢轴量法**.下面来看一个例子.

例 6.3.1　设总体 $N\sim(\mu,\sigma^2)$,σ^2 为已知,μ 为未知,$X_1,X_2,\cdots,X_n$ 是总体 X 的一个样本,求 μ 的置信度为 $1-\alpha$ 的置信区间.

解　采用枢轴量法分三步进行:

(1) 由于 $\bar{X}$ 是 μ 的无偏估计,且有

$$U=\frac{\bar{X}-\mu}{\sigma/\sqrt{n}}\sim N(0,1),$$

U 中包含待估参数 μ,且其分布不依赖于任何未知参数,因此可选其作为枢轴量.

（2）根据标准正态分布的 α 分位点的定义（见图 6.1）,有

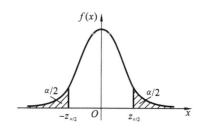

图 6.1　标准正态分布的分位点

$$P\{|U| \leqslant z_{\alpha/2}\} = 1 - \alpha,$$

即　　$P\{-z_{\alpha/2} \leqslant U \leqslant z_{\alpha/2}\} = 1 - \alpha.$

（3）由 $-z_{\alpha/2} \leqslant U \leqslant z_{\alpha/2}$,解得

$$\overline{X} - \frac{\sigma}{\sqrt{n}} z_{\alpha/2} \leqslant \mu \leqslant \overline{X} + \frac{\sigma}{\sqrt{n}} z_{\alpha/2},$$

有　　　　$$P\{\overline{X} - \frac{\sigma}{\sqrt{n}} z_{\alpha/2} \leqslant \mu \leqslant \overline{X} + \frac{\sigma}{\sqrt{n}} z_{\alpha/2}\} = 1 - \alpha,$$

所以 μ 的置信度为 $1 - \alpha$ 的置信区间为

$$\left(\overline{X} - \frac{\sigma}{\sqrt{n}} z_{\alpha/2}, \overline{X} + \frac{\sigma}{\sqrt{n}} z_{\alpha/2}\right). \tag{6.4}$$

这是一个以 $\overline{X}$ 为中心,$\frac{\sigma}{\sqrt{n}} z_{\alpha/2}$ 为半径的对称区间,通常简写成 $\left(\overline{X} \pm \frac{\sigma}{\sqrt{n}} z_{\alpha/2}\right)$.

由式（6.4）知,置信区间的长度 $l = 2 z_{\alpha/2} \frac{\sigma}{\sqrt{n}}$,该长度反映了区间估计精度.置信区间越短,精度越高.可以看出,提高精度的方法有两种:

（1）增加样本容量 n,样本容量越大,区间越短,精度越高;

（2）减小分位数 z_{α},此时需要增大 α,也就需要降低置信水平 $1 - \alpha$,而置信水平降低意味着置信区间的可信程度降低.

由此可见,在样本容量一定的情况下,提高估计精度意味着降低区间估计的可信度.在实际问题中,一般尽量照顾可信度.

6.3.2　单个正态总体期望与方差的区间估计

假设总体 $X \sim N(\mu, \sigma^2)$,$X_1, X_2, \cdots, X_n$ 是总体 X 的一个样本,$\overline{X}$ 和 S^2 分别为样本均值和样本方差.以下讨论均值 μ 和方差 σ^2 的区间估计问题.

（一）均值 μ 的区间估计

1. σ^2 已知的情形

σ^2 已知时,由例 6.3.1 知,μ 的置信水平为 $1 - \alpha$ 的置信区间为

$$\left(\overline{X} \pm \frac{\sigma}{\sqrt{n}} z_{\alpha/2}\right). \tag{6.5}$$

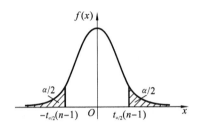

图 6.2　t 分布的分位点

2. σ^2 未知的情形

σ^2 未知时,不能使用式(6.5)给出的区间,因为式(6.5)中含有未知参数 σ. 由于 S^2 是 σ^2 的无偏估计量,选择枢轴量

$$T=\frac{\overline{X}-\mu}{S/\sqrt{n}}\sim t(n-1),$$

其包含待估参数 μ,且其分布不依赖于任何未知参数.

由自由度为 $n-1$ 的 t 分布的分位点(见图6.2)的定义有

$$P\{|T|<t_{\alpha/2}(n-1)\}=1-\alpha,$$

即

$$P\left\{\overline{X}-\frac{S}{\sqrt{n}}t_{\alpha/2}(n-1)<\mu<\overline{X}+\frac{S}{\sqrt{n}}t_{\alpha/2}(n-1)\right\}=1-\alpha,$$

所以,μ 的置信度为 $1-\alpha$ 的置信区间为

$$\left(\overline{X}\pm\frac{S}{\sqrt{n}}t_{\alpha/2}(n-1)\right). \tag{6.6}$$

这里 $t_{\alpha/2}$ 是 t 分布的上 $\alpha/2$ 分位点.

例 6.3.2　设某种电子管的使用寿命 X(单位:小时)服从正态分布 $N(\mu,300^2)$,现抽取 16 个进行检测,得平均使用寿命为 1980 小时,试在 $\alpha=0.05$ 下,求该种电子管平均使用寿命的置信区间.

解　由于总体方差已知,所以应采用式(6.5)进行区间估计.

由于 $\sigma=300,n=16,\alpha=0.05$,查表得

$$z_{0.025}=1.96,$$

所以,由样本信息,得电子管平均使用寿命的一个置信度为 0.95 的置信区间为

$$\left(1980\pm\frac{300}{\sqrt{16}}\times1.96\right)=(1833,2127).$$

例 6.3.3　某灯泡厂生产的灯泡寿命(单位:小时)$X\sim N(\mu,\sigma)$,μ 和 σ^2 均未知,现从某天生产的一大批灯泡中随机抽取 10 只进行寿命试验,测得数据如下:

　　1050　　1100　　1080　　1120　　1200　　1250　　1040　　1130　　1130　　1200

试在 $\alpha=0.05$ 下,求灯泡的平均使用寿命的置信区间.

解　总体方差未知,所以应采用式(6.6)进行区间估计.

由题设条件知 $n=10,\alpha=0.05$,查表得

$$t_{0.025}(9)=2.2622.$$

由样本数据计算得 $\overline{x}=1130,s=68.475$,所以,灯泡的平均使用寿命的一个置信

度为 0.95 的双侧置信区间为

$$\left(1130 \pm \frac{68.475}{\sqrt{10}} \times 2.2622\right) = (1081.015, 1178.985).$$

这表明,灯泡厂该天生产灯泡的平均使用寿命在 1081.015 小时和 1178.985 小时之间,这个估计的可信程度为 95%.

实际问题中,总体方差未知的情形居多,因此式(6.6)比式(6.5)更具实用价值.

(二) 方差 σ^2 的区间估计

实际问题中,总体均值一般是未知的,所以此处我们只讨论总体均值 μ 未知的情形.

由定理 5.2.2 知

$$\frac{(n-1)S^2}{\sigma^2} \sim \chi^2(n-1),$$

$\frac{(n-1)S^2}{\sigma^2}$ 包含待估参数 σ,且其分布不依赖于任何未知参数,故可选择其为枢轴量.

由自由度为 $n-1$ 的 χ^2 分布的分位点(见图 6.3)的定义有

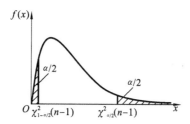

图 6.3 自由度为 $n-1$ 的 χ^2 分布

$$P\left\{\chi^2_{1-\alpha/2}(n-1) < \frac{(n-1)S^2}{\sigma^2} < \chi^2_{\alpha/2}(n-1)\right\} = 1-\alpha,$$

即

$$P\left\{\frac{(n-1)S^2}{\chi^2_{\alpha/2}(n-1)} < \sigma^2 < \frac{(n-1)S^2}{\chi^2_{1-\alpha/2}(n-1)}\right\} = 1-\alpha,$$

于是,σ^2 的置信度为 $1-\alpha$ 的置信区间为

$$\left(\frac{(n-1)S^2}{\chi^2_{\alpha/2}(n-1)}, \frac{(n-1)S^2}{\chi^2_{1-\alpha/2}(n-1)}\right). \tag{6.7}$$

进一步,还可以得到 σ 的置信度为 $1-\alpha$ 的置信区间为

$$\left(\frac{\sqrt{n-1}S}{\sqrt{\chi^2_{\alpha/2}(n-1)}}, \frac{\sqrt{n-1}S}{\sqrt{\chi^2_{1-\alpha/2}(n-1)}}\right). \tag{6.8}$$

应注意的是,虽然 χ^2 分布的密度函数是不对称的,但我们仍然像标准正态分布

和 t 分布那样取对称的分位点,这只是为了简便而采取的习惯做法.

例 6.3.4　求例 6.3.3 中的总体标准差 σ 的置信度为 0.95 的置信区间.

解　由题设条件,$\alpha/2=0.025,1-\alpha/2=0.975,n-1=9$,查表得

$$\chi^2_{0.025}(9)=19.023,\quad \chi^2_{0.975}(9)=2.700.$$

又 $s=68.475$,于是由式(6.8)得,总体标准差 σ 的一个置信度为 0.95 的双侧置信区间为

$$(47.099,125.018).$$

6.3.3　两个正态总体均值差与方差比的区间估计

在实际问题中,有时会遇到这类问题:已知产品的某一质量指标服从正态分布,但由于原料、设备条件、操作人员不同,或工艺过程的改变等因素,引起总体均值、总体方差有所改变,若想知道变化有多大,这就需要考虑两个正态总体均值差或方差比的区间估计问题.

设总体 $X\sim N(\mu_1,\sigma_1^2),Y\sim(\mu_2,\sigma_2^2)$,$X_1,X_2,\cdots,X_{n_1}$ 是 X 的一个样本,$Y_1,Y_2,\cdots,Y_{n_2}$ 是 Y 的一个样本,且两者相互独立,$\overline{X},\overline{Y},S_1^2,S_2^2$ 分别为总体 X 与 Y 的样本均值和样本方差,给定置信度为 $1-\alpha$.

（一）两个正态总体均值差 $\mu_1-\mu_2$ 的区间估计

1. σ_1^2,σ_2^2 均为已知的情形

由于 $\overline{X},\overline{Y}$ 分别是 μ_1,μ_2 的无偏估计量,所以 $\overline{X}-\overline{Y}$ 是 $\mu_1-\mu_2$ 的无偏估计量. 由 $\overline{X},\overline{Y}$ 的独立性以及 $\overline{X}\sim N\left(\mu_1,\dfrac{\sigma_1^2}{n_1}\right),\overline{Y}\sim N\left(\mu_2,\dfrac{\sigma_2^2}{n_2}\right)$ 得

$$\overline{X}-\overline{Y}\sim N\left(\mu_1-\mu_2,\frac{\sigma_1^2}{n_1}+\frac{\sigma_2^2}{n_2}\right),$$

从而

$$U=\frac{(\overline{X}-\overline{Y})-(\mu_1-\mu_2)}{\sqrt{\sigma_1^2/n_1+\sigma_2^2/n_2}}\sim N(0,1).$$

取 U 为枢轴量,根据标准正态分布的分位点的定义有

$$P\{|U|\leqslant z_{\alpha/2}\}=1-\alpha,$$

即

$$P\{\overline{X}-\overline{Y}-z_{\alpha/2}\sqrt{\sigma_1^2/n_1+\sigma_2^2/n_2}\leqslant\mu_1-\mu_2\leqslant\overline{X}-\overline{Y}+z_{\alpha/2}\sqrt{\sigma_1^2/n_1+\sigma_2^2/n_2}\}=1-\alpha.$$

于是,$\mu_1-\mu_2$ 的置信度为 $1-\alpha$ 的置信区间为

$$(\overline{X}-\overline{Y}-z_{\alpha/2}\sqrt{\sigma_1^2/n_1+\sigma_2^2/n_2},\overline{X}-\overline{Y}+z_{\alpha/2}\sqrt{\sigma_1^2/n_1+\sigma_2^2/n_2}),$$

也可简写成

$$(\overline{X}-\overline{Y}\pm z_{\alpha/2}\sqrt{\sigma_1^2/n_1+\sigma_2^2/n_2}). \qquad (6.9)$$

2. $\sigma_1^2=\sigma_2^2=\sigma^2$,但 σ^2 为未知的情形

由定理 5.2.4 知

$$T=\frac{(\overline{X}-\overline{Y})-(\mu_1-\mu_2)}{S_w\sqrt{1/n_1+1/n_2}}\sim t(n_1+n_2-2),$$

其中 $S_w^2=\dfrac{(n_1-1)S_1^2+(n_2-1)S_2^2}{n_1+n_2-2}$. 显然,可取 T 为枢轴量.

由 t 分布的分位点(见图 6.2)的定义有

$$P\{|T|\leqslant t_{\alpha/2}(n_1+n_2-2)\}=1-\alpha.$$

类似前面过程可得,$\mu_1-\mu_2$ 的置信度为 $1-\alpha$ 的置信区间为

$$(\overline{X}-\overline{Y}\pm t_{\alpha/2}(n_1+n_2-2)\cdot S_w\cdot\sqrt{1/n_1+1/n_2}). \qquad (6.10)$$

例 6.3.5 为比较 A,B 两种步枪子弹的枪口速度,随机地取 A 子弹 10 发,得到枪口的平均速度为 $\overline{x}_1=500$ 米/秒,样本标准差 $s_1=1.10$ 米/秒;随机取 B 子弹 20 发,得到枪口的平均速度为 $\overline{x}_2=496$ 米/秒,样本标准差 $s_2=1.2$ 米/秒. 假设两总体都可认为近似服从正态分布,并由生产过程可认为方差相等. 求两总体均值差 $\mu_1-\mu_2$ 的一个置信水平为 95% 的置信区间.

解 可认为分别来自两个总体的样本是相互独立的,由题设条件知两总体方差相同,但数值未知,故可用式(6.10)求均值差的置信区间.

由题设条件知

$$n_1=10,\quad n_2=20,\quad n_1+n_2-2=28,\quad \alpha=0.05,$$

查表可得 $t_{\alpha/2}(28)=2.0484$;又 $\overline{x}_1=500,\overline{x}_2=496,s_1=1.10,s_2=1.2$,故

$$S_w=\sqrt{\frac{9\times1.10^2+19\times1.20^2}{28}}\approx1.1688.$$

从而,由式(6.10)得 $\mu_1-\mu_2$ 的一个置信水平为 95% 的置信区间为

$$(\overline{x}_1-\overline{x}_2\pm t_{\alpha/2}(n_1+n_2-2)\cdot S_w\cdot\sqrt{1/n_1+1/n_2})=(4\pm0.93),$$

即(3.07,4.93).

在实际问题中,如果所求得的 $\mu_1-\mu_2$ 的置信区间的下限大于零,就认为 $\mu_1>\mu_2$;如果置信区间的上限小于零,就认为 $\mu_1<\mu_2$.

3. σ_1^2,σ_2^2 均未知,但 n_1,n_2 均较大的情形

由于 n_1,n_2 均较大,故可用 S_1^2 和 S_2^2 分别代替式(6.9)中总体方差 σ_1^2,σ_2^2,于是,$\mu_1-\mu_2$ 的置信度为 $1-\alpha$ 的近似置信区间为

$$\left(\overline{X}-\overline{Y}\pm z_{\alpha/2}\cdot\sqrt{\frac{S_1^2}{n_1}+\frac{S_2^2}{n_2}}\right). \qquad (6.11)$$

（二）两个正态总体方差比 σ_1^2/σ_2^2 的区间估计

我们仅讨论总体均值 μ_1，μ_2 均未知的情况. 由定理 5.2.4 知

$$F = \frac{S_1^2/\sigma_1^2}{S_2^2/\sigma_2^2} \sim F(n_1-1, n_2-1),$$

上式右端分布不含任何未知参数，故可取 F 为枢轴量.

由 F 分布分位点的定义知

$$P\left\{F_{1-\alpha/2}(n_1-1, n_2-1) < \frac{S_1^2/\sigma_1^2}{S_2^2/\sigma_2^2} < F_{\alpha/2}(n_1-1, n_2-1)\right\} = 1-\alpha,$$

即

$$P\left\{\frac{S_1^2/S_2^2}{F_{\alpha/2}(n_1-1, n_2-1)} < \frac{\sigma_1^2}{\sigma_2^2} < \frac{S_1^2/S_2^2}{F_{1-\alpha/2}(n_1-1, n_2-1)}\right\} = 1-\alpha.$$

于是，σ_1^2/σ_2^2 的置信水平为 $1-\alpha$ 的置信区间为

$$\left(\frac{S_1^2}{S_2^2}\frac{1}{F_{\alpha/2}(n_1-1, n_2-1)}, \frac{S_1^2}{S_2^2}\frac{1}{F_{1-\alpha/2}(n_1-1, n_2-1)}\right). \tag{6.12}$$

例 6.3.6 某兵工厂为了研究技术革新前后生产的钢轴质量情况，做革新前后生产钢轴直径的对比试验. 随机抽取革新前生产的钢轴 16 只，测得钢轴直径的标准差 $s_1=1.10$（毫米），随机抽取革新后生产的钢轴 21 只，测得钢轴直径的标准差 $s_2=1.20$（毫米），假设技术革新前后生产的钢轴的直径分别服从正态分布 $N(\mu_1, \sigma_1^2)$，$N(\mu_2, \sigma_2^2)$，其中 μ_1，μ_2，σ_1^2，σ_2^2 均未知，求技术革新前后生产的钢轴的直径的方差比 σ_1^2/σ_2^2 的置信水平为 0.90 的置信区间.

解 由题设条件知

$$n_1=16, \quad n_2=21, \quad s_1^2=1.10^2, \quad s_2^2=1.20^2, \quad \alpha=0.10,$$

查表得

$$F_{\alpha/2}(n_1-1, n_2-1) = F_{0.05}(15, 20) = 2.20,$$

$$F_{1-\alpha/2}(n_1-1, n_2-1) = F_{0.95}(15, 20) = \frac{1}{F_{0.05}(20, 15)} = 0.429.$$

于是，所求的方差比 σ_1^2/σ_2^2 的一个置信水平为 0.90 的置信区间为

$$\left(\frac{1.10^2}{1.20^2} \times \frac{1}{2.20}, \frac{1.10^2}{1.20^2} \times \frac{1}{0.429}\right) = (0.382, 1.957).$$

在实际问题中，如果我们求得的 σ_1^2/σ_2^2 的置信水平为 $1-\alpha$ 的置信区间的上限小于 1，可以认为总体 X 的波动性小于总体 Y 的波动性；如果置信区间的下限大于 1，可以认为总体 X 的波动性大于总体 Y 的波动性.

6.3.4 单侧置信区间

上小节中,我们所讨论的都是求正态总体未知参数的双侧置信区间的问题.但在实际问题中,对有些参数往往只需要估计它的上限或下限,如对设备、元件,我们关心的是平均寿命的"下限";而对于化学物品,我们则关心其中所含的杂质均值的"上限". 这就引出了单侧置信区间的概念.

设总体 X 的分布函数 $F(x;\theta)$ 含有未知参数 θ,对于给定的 $\alpha(0<\alpha<1)$,若由样本 $X_1,X_2,\cdots,X_n$ 确定的统计量 $\underline{\theta}(X_1,X_2,\cdots,X_n)$ 满足

$$P\{\theta>\underline{\theta}(X_1,X_2,\cdots,X_n)\}=1-\alpha,$$

则称随机区间 $(\underline{\theta},+\infty)$ 为 θ 的置信度为 $1-\alpha$ 的**单侧置信区间**,$\underline{\theta}$ 称为置信度为 $1-\alpha$ 的**单侧置信下限**.

又若由样本 $X_1,X_2,\cdots,X_n$ 确定的统计量 $\bar{\theta}(X_1,X_2,\cdots,X_n)$ 满足

$$P\{\theta<\bar{\theta}(X_1,X_2,\cdots,X_n)\}=1-\alpha,$$

则称随机区间 $(-\infty,\bar{\theta})$ 为 θ 的置信度为 $1-\alpha$ 的**单侧置信区间**,$\bar{\theta}$ 称为置信度为 $1-\alpha$ 的**单侧置信上限**.

求单侧置信区间也可以采用枢轴量法.

例如,对于正态总体 $X\sim N(\mu,\sigma^2)$,若参数 μ,σ^2 均未知,$X_1,X_2,\cdots,X_n$ 为总体 X 的一个样本,求参数 μ 的一个置信度为 $1-\alpha$ 的单侧置信区间.

因为

$$T=\frac{\overline{X}-\mu}{S/\sqrt{n}}\sim t(n-1)\ ,$$

所以,由 t 分布的上 α 分位点(见图 6.4)的定义得

$$P\left\{\frac{\overline{X}-\mu}{S/\sqrt{n}}<t_\alpha(n-1)\right\}=1-\alpha,$$

即

$$P\left\{\mu>\overline{X}-\frac{S}{\sqrt{n}}t_\alpha(n-1)\right\}=1-\alpha.$$

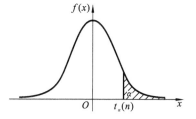

图 6.4　t 分布上 α 分位点示意图

从而,μ 的置信度为 $1-\alpha$ 的单侧置信区间为

$$\left(\overline{X}-\frac{S}{\sqrt{n}}t_\alpha(n-1),+\infty\right),$$

μ 的置信度为 $1-\alpha$ 的单侧置信下限为

$$\underline{\mu}=\overline{X}-\frac{S}{\sqrt{n}}t_\alpha(n-1)\ .$$

关于正态总体 $X \sim N(\mu,\sigma^2)$ 的参数 μ,σ^2 的单侧置信区间,有下面的结论:

(1) 当 σ^2 已知时,μ 的置信水平为 $1-\alpha$ 的单侧置信区间为

$$\left(\overline{X}-\frac{\sigma}{\sqrt{n}}z_\alpha, +\infty\right) \quad \text{或} \quad \left(-\infty,\overline{X}+\frac{\sigma}{\sqrt{n}}z_\alpha\right); \tag{6.13}$$

(2) 当 σ^2 未知时,μ 的置信水平为 $1-\alpha$ 的单侧置信区间为

$$\left(\overline{X}-\frac{S}{\sqrt{n}}t_\alpha(n-1), +\infty\right) \quad \text{或} \quad \left(-\infty,\overline{X}+\frac{S}{\sqrt{n}}t_\alpha(n-1)\right); \tag{6.14}$$

(3) 当 μ 未知时,σ^2 的置信度为 $1-\alpha$ 的单侧置信区间为

$$\left(0,\frac{(n-1)S^2}{\chi_\alpha^2(n-1)}\right) \quad \text{或} \quad \left(0,\frac{\sqrt{(n-1)}S}{\sqrt{\chi_\alpha^2(n-1)}}\right). \tag{6.15}$$

例 6.3.7　求例 6.3.2 中的总体均值 μ 的置信度为 0.95 的单侧置信下限.

解　因为

$$\sigma=300, \quad n=16, \quad \alpha=0.05,$$

查表得

$$z_{0.05}=1.645,$$

所以,由式(6.14)得:电子管平均使用寿命的一个置信度为 0.95 的单侧置信区间为

$$\left(1980-\frac{300}{\sqrt{16}}\times1.645, +\infty\right)=(1856.625,+\infty),$$

单侧置信下限为 1856.625.

例 6.3.8　求例 6.3.3 中的总体方差 σ^2 的置信度为 0.95 的单侧置信上限.

解　由题设条件得

$$n=10, \quad \alpha=0.05, \quad s^2=4688.889,$$

查表得

$$\chi_{0.05}^2(9)=16.919,$$

所以,由式(6.15)得:灯泡的平均使用寿命的一个置信度为 0.95 的单侧置信区间为

$$\left(0,\frac{9\times4688.889}{16.919}\right)=(0,2494.237).$$

所以,单侧置信上限为 2494.237.

对于非正态的总体,当样本容量较大($n\geqslant50$)时,可利用中心极限定理,仿照正态总体的情形近似求出相应参数的区间估计,由于篇幅所限,此处不再详述.

表 6.2 中总结了有关单正态总体参数和双正态总体参数的置信区间,以方便查阅.

表 6.2 正态总体均值、方差的置信区间与单侧置信限

待估参数	其他参数	枢轴量的分布	置信区间	单侧置信限
单个正态总体				
μ	σ^2 已知	$U=\dfrac{\bar{X}-\mu}{\sigma/\sqrt{n}}\sim N(0,1)$	$\left(\bar{X}\pm\dfrac{\sigma}{\sqrt{n}}z_{\alpha/2}\right)$	$\bar{\mu}=\bar{X}+\dfrac{\sigma}{\sqrt{n}}z_\alpha,\quad \underline{\mu}=\bar{X}-\dfrac{\sigma}{\sqrt{n}}z_\alpha$
μ	σ^2 未知	$T=\dfrac{\bar{X}-\mu}{S/\sqrt{n}}\sim t(n-1)$	$\left(\bar{X}\pm\dfrac{S}{\sqrt{n}}t_{\alpha/2}(n-1)\right)$	$\bar{\mu}=\bar{X}+\dfrac{S}{\sqrt{n}}t_\alpha(n-1),\quad \underline{\mu}=\bar{X}-\dfrac{S}{\sqrt{n}}t_\alpha(n-1)$
σ^2	μ 未知	$\chi^2=\dfrac{(n-1)S^2}{\sigma^2}\sim\chi^2(n-1)$	$\left(\dfrac{(n-1)S^2}{\chi^2_{\alpha/2}(n-1)},\dfrac{(n-1)S^2}{\chi^2_{1-\alpha/2}(n-1)}\right)$	$\bar{\sigma}^2=\dfrac{(n-1)S^2}{\chi^2_{1-\alpha}(n-1)},\quad \underline{\sigma}^2=\dfrac{(n-1)S^2}{\chi^2_\alpha(n-1)}$
两个正态总体				
$\mu_1-\mu_2$	σ_1^2,σ_2^2 已知	$U=\dfrac{(\bar{X}-\bar{Y})-(\mu_1-\mu_2)}{\sqrt{\sigma_1^2/n_1+\sigma_2^2/n_2}}\sim N(0,1)$	$\left(\bar{X}-\bar{Y}\pm z_{\alpha/2}\sqrt{\sigma_1^2/n_1+\sigma_2^2/n_2}\right)$	$\overline{\mu_1-\mu_2}=\bar{X}-\bar{Y}+z_\alpha\sqrt{\sigma_1^2/n_1+\sigma_2^2/n_2}$, $\underline{\mu_1-\mu_2}=\bar{X}-\bar{Y}-z_\alpha\sqrt{\sigma_1^2/n_1+\sigma_2^2/n_2}$
$\mu_1-\mu_2$	$\sigma_1^2=\sigma_2^2$ 未知	$T=\dfrac{(\bar{X}-\bar{Y})-(\mu_1-\mu_2)}{S_w\sqrt{1/n_1+1/n_2}}\sim t(n_1+n_2-2)$	$\Big(\bar{X}-\bar{Y}\pm t_{\alpha/2}(n_1+n_2-2)\cdot S_w\cdot\sqrt{1/n_1+1/n_2}\Big)$	$\overline{\mu_1-\mu_2}=\bar{X}-\bar{Y}+t_\alpha(n_1+n_2-2)S_w\sqrt{1/n_1+1/n_2}$, $\underline{\mu_1-\mu_2}=\bar{X}-\bar{Y}-t_\alpha(n_1+n_2-2)S_w\sqrt{1/n_1+1/n_2}$
$\dfrac{\sigma_1^2}{\sigma_2^2}$	μ_1,μ_2 未知	$F=\dfrac{S_1^2/\sigma_1^2}{S_2^2/\sigma_2^2}\sim F(n_1-1,n_2-1)$	$\left(\dfrac{S_1^2}{S_2^2}\dfrac{1}{F_{\alpha/2}(n_1-1,n_2-1)},\dfrac{S_1^2}{S_2^2}\dfrac{1}{F_{1-\alpha/2}(n_1-1,n_2-1)}\right)$	$\overline{\dfrac{\sigma_1^2}{\sigma_2^2}}=\dfrac{S_1^2}{S_2^2}\dfrac{1}{F_{1-\alpha}(n_1-1,n_2-1)}$, $\underline{\dfrac{\sigma_1^2}{\sigma_2^2}}=\dfrac{S_1^2}{S_2^2}\dfrac{1}{F_\alpha(n_1-1,n_2-1)}$

6.4　研讨专题

6.4.1　鱼塘中鱼数的估计问题

塘中有鱼,其数不详,试估之!

如果用渔网把所有的鱼从鱼塘中捞出来,再一个个地查,应该可以做到,但是这样做不仅费时费工,而且不利于鱼的生长,那么应该采用什么样的方法呢?

（一）估计方案

在自然界研究中,为了估计一个种群中动物的数量,科学家最常用的方法就是"捕获-再捕获"法.也就是先在一个种群中捕获一些动物,在不伤害它们的前提下给它们做上标记,然后再把它们放回到原来的生活环境中去,过一段时间后再从这个种群中捕获一些这样的动物,并记录其中做了标记的动物的个数,就可以通过比例来估计整个种群中此种动物的数量.

具体到塘中鱼的数量估计问题,可采用如下方案进行估计:

（1）从塘中捕捉 r 条鱼,做好标记以后放回;

（2）过一段时间以后再从塘中捕出 s 条鱼,记录其中做过标记的鱼的数目 t;

（3）计算 $\left[\dfrac{rs}{t}\right]$ 的值,其结果即为鱼塘中鱼的数量的估计.

上面的估计方案的理论根据是什么呢?

（二）理论分析

假定两次捕捉期间,塘中鱼的总数是一个未知常数 N.记事件 A 表示"s 条鱼中有 t 条做了标记",则

$$P(A)=\frac{C_r^t C_{N-r}^{s-t}}{C_N^s}\triangleq L(N). \tag{6.16}$$

在估计方案中,事件 A 已经发生了,那么根据极大似然原理:"在一次试验中发生了的事件的概率大",上式中使 $P(A)$ 达到最大值的 $\hat N$,应当就是 N 的极大似然估计值.

下面,我们利用函数单调性寻找 $L(N)$ 的最大值.

由式（6.16）可得

$$\frac{L(N)}{L(N-1)}=\frac{C_{N-r}^{s-t}C_{N-1}^s}{C_N^s C_{N-r-1}^{s-t}}=\frac{N^2-N(s+r)+rs}{N^2-N(s+r)+tN}.$$

当 $N<\dfrac{rs}{t}$ 时，$\dfrac{L(N)}{L(N-1)}>1$，$L(N)$ 严格单调递增；当 $N>\dfrac{rs}{t}$ 时，$\dfrac{L(N)}{L(N-1)}<1$，$L(N)$ 严格单调递减. 因此，$L(N)$ 在 $N=\left[\dfrac{rs}{t}\right]$ 或 $\left[\dfrac{rs}{t}\right]+1$ 处取得最大值. 由此可得，位置参数 N 的极大似然估计值

$$\hat{N}=\left[\frac{rs}{t}\right].$$

上面采用的方法，就是统计中重要的"捕获-再捕获"抽样方法. 该方法应用广泛：在生态研究中，"捕获-再捕获"法除了可以研究野生动物的数量外，还经常被用于估计野生动物、植物的种类等；在人口统计学中，"捕获-再捕获"法可用来估计患某种疾病的人数、吸毒人数、罪犯人数等；此外，"捕获-再捕获"法还应用在质量控制、作家词汇量统计等方面.

（三）思考题

（1）请同学们自己选择一个生物种群，利用上述的"捕获-再捕获"法，在一定时期内对其进行跟踪研究，得出这段时期种群内个体数量及其变化规律.

（2）本节所得估计值所对应的估计量是否具有相合性？是无偏估计吗？

本章主要术语的英汉对照表

统计推断	statistical inference
参数估计	parameter estimation
矩估计法	moment method of estimation
样本似然函数	sample likelihood function
极大似然估计法	maximum likelihood estimation
极大似然估计值	maximum likelihood estimation value
极大似然估计量	maximum likelihood estimator
无偏估计量	unbiased estimator
有效估计量	efficient estimator
一致估计量	consistent estimator
区间估计	interval estimation
置信区间	confidence interval
置信度或置信水平	degree of confidence or confidence level
置信上限	confidence upper limit
置信下限	confidence lower limit

习 题 6

一、填空题

1. 设总体 X 在区间 $(0, \theta]$ 上服从均匀分布，θ 未知，$X_1, X_2, \cdots, X_n$ 是总体 X 的一个样本，$\overline{X}, S^2$ 分别为样本均值和样本方差，则 θ 的矩估计量为_____，极大似然估计量为_____.

2. 设 $X_1, X_2, \cdots, X_n$ 是正态总体 $X \sim N(\mu, \sigma^2)$ 的随机样本，$\overline{X}$ 为样本均值，当 $c =$ _____时，统计量 $T_i = c(X_i - \overline{X})^2$ 是 σ^2 的无偏估计量.

3. 设某种清漆干燥时间 $X \sim N(\mu, \sigma^2)$（单位：小时），σ^2 未知，总体容量为 $n = 9$ 的样本均值和方差分别为 $\overline{x} = 6, s^2 = 0.33$，则可选统计量_____来求 μ 的置信区间，μ 的置信度为 95% 的双侧置信区间为_____；μ 的置信度为 95% 的单侧置信上限为_____；μ 的置信度为 95% 的单侧置信下限为_____.

4. 设一批产品的某一指标 $X \sim N(\mu, \sigma^2)$，μ 未知，从中随机抽取容量为 25 的样本，测得样本方差的观察值为 $s^2 = 100$，则总体方差 σ^2 的 95% 的置信区间为_____.

二、选择题

1. 设 X_1, X_2 是正态总体 $X \sim N(\mu, \sigma^2)$ 的随机样本，μ 未知，则下列 μ 的无偏估计量中是 μ 的最有效的估计量是（ ）.

   (A) $\hat{\mu} = \dfrac{1}{3} X_1 + \dfrac{2}{3} X_2$ (B) $\hat{\mu} = \dfrac{1}{2} X_1 + \dfrac{1}{2} X_2$

   (C) $\hat{\mu} = \dfrac{1}{4} X_1 + \dfrac{3}{4} X_2$ (D) $\hat{\mu} = \dfrac{4}{9} X_1 + \dfrac{5}{9} X_2$

2. 设 $\overline{X}, S^2, B_2$ 分别为总体 X 的容量为 n 的样本均值、样本方差、样本二阶中心矩，则下列命题中（ ）是错误的.

   (A) $\overline{X}$ 是 $E(X)$ 的一致估计量   (B) S 是 $\sqrt{D(X)}$ 的一致估计量
   (C) B_2 是 $D(X)$ 的一致估计量   (D) S^2 是 $D(X)$ 的一致估计量

3. 设 θ 为总体 X 的未知参数，θ_1, θ_2 为统计量，且 (θ_1, θ_2) 为 θ 的置信度为 $1 - \alpha$（$0 < \alpha < 1$）的置信区间，则应有（ ）.

   (A) $P\{\theta_1 < \theta < \theta_2\} = \alpha$ (B) $P\{\theta < \theta_2\} = 1 - \alpha$
   (C) $P\{\theta_1 < \theta < \theta_2\} = 1 - \alpha$ (D) $P\{\theta < \theta_2\} = \alpha$

4. 设 $X_1, X_2, \cdots, X_n$ 是总体 X 的随机样本，$\overline{X}$ 是其容量为 n 的样本均值，则总体方差的无偏估计量为（ ）.

   (A) $\dfrac{1}{n} \sum_{i=1}^{n} (X_i - \overline{X})^2$ (B) $\dfrac{1}{n-1} \sum_{i=1}^{n} (X_i - \overline{X})^2$

(C) $\dfrac{1}{n}\sum\limits_{i=1}^{n}(X_i-E(X))^2$ ($E(X)$ 未知)　(D) $\dfrac{1}{n-1}\sum\limits_{i=1}^{n}(X_i-E(X))^2$ ($E(X)$ 未知)

5. 设 n 个随机变量 $X_1,X_2,\cdots,X_n$ 独立同分布,$D(X_1)=\sigma^2$,$\overline{X}=\dfrac{1}{n}\sum\limits_{i=1}^{n}X_i$,$S^2=$

$\dfrac{1}{n-1}\sum\limits_{i=1}^{n}(X_i-\overline{X})^2$,则(　　).

(A) S 是 σ 的无偏估计量　　　　　(B) S 是 σ 的极大似然估计

(C) S 是 σ 的一致估计量　　　　　(D) S 与 $\overline{X}$ 相互独立

三、计算题

1. 随机地取 8 只活塞环,测得它们的直径(单位:毫米)为

　　74.001　74.005　74.003　74.001　74.000　73.998　74.006　74.002

试求总体均值 μ 及方差 σ^2 的矩估计值,并求样本方差 s^2.

2. 设总体 X 的概率密度为

$$f(x)=\begin{cases}(\theta+1)x^\theta, & 0<x<1,\\ 0, & \text{其他},\end{cases}$$

其中 $\theta>-1$ 是未知参数.$X_1,X_2,\cdots,X_n$ 是来自总体 X 的一个容量为 n 的简单随机样本.试分别用矩估计法和极大似然估计法求 θ 的估计量.

3. 设总体 X 在 $[2,a]$ 上服从均匀分布,a 未知.$X_1,X_2,\cdots,X_n$ 是总体 X 的一个样本,求 a 的矩估计量和极大似然估计量.

4. 设总体 X 的概率密度为

$$f(x;\theta)=\begin{cases}\sqrt{\theta}x^{\sqrt{\theta}-1}, & 0\leqslant x\leqslant 1,\\ 0, & \text{其他},\end{cases}$$

$X_1,X_2,\cdots,X_n$ 是总体 X 的一个样本,求 θ 的矩估计量和极大似然估计量.

5. 设总体 X 的概率密度(马克斯韦尔分布)为

$$f(x,a)=\begin{cases}\dfrac{4x^2}{a^2\sqrt{\pi}}\mathrm{e}^{-\frac{x^2}{a^2}}, & x>0,\\ 0, & x\leqslant 0,\end{cases}$$

其中 $a>0$,$x_1,x_2,\cdots,x_n$ 是其一组样本值,求 a 的极大似然估计值.

6. 设 $X_1,X_2,\cdots,X_n$ 是总体 X 的一个样本,取统计量 $\hat{\mu}=k_1X_1+k_2X_2+\cdots+k_nX_n$,其中 $k_1+k_2+\cdots+k_n=1$.

(1) 证明 $\hat{\mu}$ 是 μ 的无偏估计量;

(2) 求 $k_1,k_2,\cdots,k_n$,使 $\hat{\mu}$ 最有效.

7. 设 $X_1,X_2,\cdots,X_n$ 是总体 $X\sim N(\mu,\sigma^2)$ 的随机样本,求 K 值,使统计量 $K\sum\limits_{i=1}^{n-1}(X_{i+1}$

$- X_i)^2$ 为方差 σ^2 的无偏估计量.

8. 设总体 X 的期望、方差都存在，X_1, X_2, X_3 是总体 X 的一个样本，证明下列统计量都是总体 X 期望的无偏估计量，并说明哪个是最有效的估计量.

   (1) $\psi_1(X_1, X_2, X_3) = \dfrac{1}{2}X_1 + \dfrac{1}{3}X_2 + \dfrac{1}{6}X_3$；

   (2) $\psi_2(X_1, X_2, X_3) = \dfrac{1}{3}X_1 + \dfrac{1}{3}X_2 + \dfrac{1}{3}X_3$；

   (3) $\psi_3(X_1, X_2, X_3) = \dfrac{1}{3}X_1 + \dfrac{1}{4}X_2 + \dfrac{5}{12}X_3$.

9. 设某种品牌的洗衣机脱水时间 $X \sim N(\mu, \sigma^2)$. 现取这种洗衣机 9 台做样品，测得脱水时间（单位：分钟）为

   　　　　6.0　5.7　5.8　6.5　7.0　6.3　5.6　6.1　5.0

   求 μ 的置信度为 0.95 的置信区间，(1) 若由以往经验知 $\sigma = 0.5$；(2) 若 σ 为未知.

10. 假设某工厂日用水量 $X \sim N(\mu, \sigma^2)$，其中 μ, σ^2 均为未知参数. 现抽查 11 天的日用水量的记录，计算得 $\bar{x} = 359, s^2 = 429$，求：(1) 均值 μ 的置信度为 95% 的置信区间；(2) 方差 σ^2 的置信度为 95% 的置信区间.

11. 设甲、乙两厂生产的同一型号的钉子的长度 $X \sim N(\mu_1, \sigma_1^2), Y \sim N(\mu_2, \sigma_2^2)$. 今从甲、乙两厂生产的钉子中各任取 8 只，测得它们的长度（单位：厘米）为

   　　甲：2.14　2.10　2.13　1.25　2.13　2.12　2.13　2.10
   　　乙：2.15　2.12　2.14　2.10　2.13　2.11　2.14　2.11

   求 $\mu_1 - \mu_2$ 的置信水平为 95% 的置信区间.

12. 有 A、B 两种水稻种子的发芽率 $X \sim N(\mu_1, \sigma_1^2), Y \sim N(\mu_2, \sigma_2^2)$. 取两种水稻样本容量分别为 $n_1 = 150, n_2 = 108$ 做试验，得到两种水稻发芽率的样本均值分别为 $\bar{x} = 0.89, \bar{y} = 0.93$，样本标准差分别为 $s_1 = 0.15, s_2 = 0.11$. 求两种种子总体均值差 $\mu_1 - \mu_2$ 的置信度为 0.99 的置信区间.

13. 某机械厂为研究技术革新前后生产的钢轴质量情况，做革新前后生产的钢轴的直径的对比试验. 随机地取革新前生产的钢轴 16 只，测得钢轴直径的标准差 $s_1 = 1.302$（毫米）；随机地取革新后生产的钢轴 21 只，测得钢轴直径的标准差 $s_2 = 1.953$（毫米）. 假设技术革新前后生产的钢轴的直径分别服从正态分布 $N(\mu_1, \sigma_1^2), N(\mu_2, \sigma_2^2)$，其中 $\mu_1, \mu_2, \sigma_1^2, \sigma_2^2$ 均未知的，求技术革新前后生产的钢轴的直径的方差比 σ_1^2/σ_2^2 的置信水平为 0.90 的置信区间.

第 7 章　假　设　检　验

学习目标：通过本章学习，学员应理解假设检验的基本思想和基本概念，了解假设检验的基本步骤和两类错误；掌握单个正态总体均值和方差的假设检验方法；了解两个正态总体均值差和方差比的假设检验方法.

本章主要介绍假设检验的基本概念和基本方法，介绍正态总体参数的假设检验.

7.1　假设检验概述和对单个正态总体均值的假设检验

7.1.1　假设检验问题

什么是假设检验？为了说明这个问题，我们先来看下面两个例子.

例 7.1.1（子弹生产新工艺问题）　某兵工厂负责生产 56 式步机弹，根据以往生产情况，已知该型步机弹圆柱直径服从正态分布，且平均圆柱直径 $\mu_0 = 7.89$ 毫米，标准差 $\sigma_0 = 0.1$ 毫米. 现在该厂采用了一种新工艺，在用新工艺生产的步机弹中抽取 $n = 100$ 发，测得其平均圆柱直径 $\bar{x} = 7.86$ 毫米. 问：采用新工艺前后，子弹的平均圆柱直径是否发生了改变？

我们知道，即使生产工艺不变，子弹的圆柱直径也不会全等于 μ_0，而是在 μ_0 附近波动，因此 $\bar{x}$ 与 μ_0 的差异有可能纯粹是由于随机波动引起的，也有可能是由于工艺改变引起的. 若用 μ 表示新工艺下子弹的平均圆柱直径，那么问题就是要根据抽样情况判断 $\mu = \mu_0$ 是否成立.

例 7.1.2　（考试成绩问题）　某门课程期末考试后，学校想了解考试成绩是否正常. 现随机抽取 n 名学员，他们的考试成绩为 $x_1, x_2, \cdots, x_n$，如何根据他们的考试成绩判断考试是否正常？

一般来说，正常的考试成绩 X 服从正态分布，$F(x)$ 是 X 的分布函数，那么问题就是要根据 $x_1, x_2, \cdots, x_n$ 判断 $F(x) = \Phi(x)$ 是否成立.

上面两个例子中,为了解决问题,我们都提出了一个关于总体的假设,一般用 H_0 表示,在例 7.1.1 中 H_0 是 $\mu=\mu_0$,在例 7.1.2 中 H_0 是 $F(x)=\Phi(x)$,称它们为**统计假设**. 问题的解决就归结为根据抽样获得的样本来检验统计假设是否成立. 解决这类问题的过程就称为**假设检验**,也就是研究如何根据样本信息作出接受或拒绝统计假设 H_0 的决策.

在例 7.1.1 中,总体分布形式已知,统计假设是对于总体参数提出的,这类问题称为**参数假设检验问题**;而类似于例 7.1.2 的问题称为**非参数假设检验问题**. 本书只讨论参数假设检验问题.

7.1.2 假设检验的基本思想与两类错误

如何去检验一个统计假设呢?在展开具体讨论之前,我们先来介绍一下它的基本想法.

假设检验的基本想法是一种"带有概率性质的反证法". 为了检验一个统计假设是否成立,先假定这个假设是成立的,然后在这个假定之下,看是否会导致不合理结果发生. 如果不合理结果出现,则说明假定是错误的,"原假设"应予以拒绝;如果没有导出不合理结果,则应接受"原假设". 这里所谓"不合理",不是得到了形式逻辑上的矛盾,而是与实际推断原理相矛盾.

实际推断原理指出:"小概率事件在一次试验中几乎是不可能发生的".

所谓"与实际推断原理相矛盾",是某个小概率事件在一次试验中竟然发生了. 这是不合理的,这种不合理带有概率性质,因此我们称这种反证法为"**带有概率性质的反证法**".

比如在例 7.1.1 中,为了检验统计假设"$\mu=\mu_0$"是否为真,我们先假定它为真,看看会出现什么结果.

若"$\mu=\mu_0$"为真,由于 $\overline{X}$ 为 μ 的无偏估计,所以 $\overline{X}$ 的观察值 $\overline{x}$ 与 μ_0 的偏差 $|\overline{x}-\mu_0|$ 一般不应该太大,若 $|\overline{x}-\mu_0|$ 过分大,我们就怀疑假设"$\mu=\mu_0$"不成立.

如何衡量 $|\overline{x}-\mu_0|$ 是否"过分大"呢?

对于给定的很小的正数 α,考虑选取一个数 k,通过 k 构造一个小概率事件,即

$$P\{|\overline{X}-\mu_0|>k\}=\alpha.$$

若 $|\overline{x}-\mu_0|>k$ 成立,则表明小概率事件"$|\overline{X}-\mu_0|>k$"发生了,此时就有理由认为偏差 $|\overline{x}-\mu_0|$ 是"过分大"了,大到竟然使得小概率事件在一次试验中发生了. 这违反了实际推断原理,因此拒绝原统计假设"$\mu=\mu_0$". 反之,若 $|\overline{x}-\mu_0|>k$ 不成立,那么就不能认为偏差已经"过分大",从而也就不能拒绝原统计假设,此时可选择接受统计假设"$\mu=\mu_0$".

通过前面的分析过程,读者也许已经发现,在提出统计假设 H_0 时,实际上也同时提出了 个对立的统计假设,记其为 H_1. 比如,在例 7.1.1 中实质上提出了如下两个统计假设:

$$H_0:\mu=\mu_0; \quad H_1:\mu\neq\mu_0.$$

而在例 7.1.2 中两个统计假设:

$$H_0:F(x)=\Phi(x); \quad H_1:F(x)\neq\Phi(x).$$

通常称 H_0 为**原假设**或**零假设**,称 H_1 为**备择假设**. 显然,若拒绝了原假设 H_0,那么就意味着接受备择假设 H_1.

一旦选定原假设和备择假设,假设检验就要根据样本信息来判断某个小概率事件是否发生. 由于抽样的随机性,无论最终是接受原假设还是拒绝原假设,都不可避免地犯以下两类错误.

第一类错误:原假设为真但却遭到拒绝,即"弃真"的错误. 通常记犯第一类错误的概率为 α,即

$$P\{拒绝\ H_0\,|\,H_0\ 为真\}=\alpha.$$

第二类错误:原假设为假但却被接受,即"取伪"的错误. 通常记犯第二类错误的概率为 β,即

$$P\{接受\ H_0\,|\,H_0\ 为假\}=\beta.$$

进行假设检验时,当然希望犯两类错误的概率都尽可能小,但是理论和实践都表明,除非增加样本容量,否则无法做到使犯两类错误的概率同时减小. 也就是说,若使犯一类错误的概率减小,那么必然导致犯另一类错误的概率增大. 因为人们常常把错误地拒绝 H_0 比错误地接受 H_0 看得更重要些,所以假设检验中优先控制第一类错误,在此基础上再来考虑第二类错误的控制问题.

若只是控制犯第一类错误的概率,而不考虑犯第二类错误的概率,即在给定的样本容量下,控制犯第一类错误的概率,使它不大于给定的常数 α,那么称此类假设检验问题为**显著性检验问题**,称常数 α 为**显著性水平**. 为查表方便,通常取 $\alpha=0.05$, 0.01 或 0.1. 本章只讨论显著性检验问题.

下面以单个正态总体均值的假设检验为例,进一步介绍假设检验的基本步骤和相关概念.

7.1.3　单个正态总体均值的假设检验

假设总体 $X\sim N(\mu,\sigma^2)$,$X_1,X_2,\cdots,X_n$ 是总体 X 的一个样本,$\overline{X}$ 和 S^2 分别为样本均值和样本方差. 下面讨论参数 μ 的假设检验问题.

（一）总体方差 $\sigma^2 = \sigma_0^2$ 已知时的检验（Z 检验）

对未知参数 μ，提出如下三种类型的假设检验问题：

(1) $H_0: \mu = \mu_0$；$H_1: \mu \neq \mu_0$；

(2) $H_0: \mu \geqslant \mu_0$；$H_1: \mu < \mu_0$；

(3) $H_0: \mu \leqslant \mu_0$；$H_1: \mu > \mu_0$.

通常称（1）为**双边检验**，称（2）为**左边检验**，称（3）为**右边检验**，也统称（2）、（3）为**单边检验**. 以下以双边检验（1）为例，说明 Z 检验的过程.

如果原假设 $H_0: \mu = \mu_0$ 为真，那么 $\overline{X}$ 为 μ 的无偏估计，$\bar{x}$ 与 μ_0 的偏差 $|\bar{x} - \mu_0|$ 一般不应该太大. 为了衡量 $|\bar{x} - \mu_0|$ 是否"过分大"，可考虑选取一个数 k，使得对于给定的显著性水平 α 有

$$P\{|\overline{X} - \mu_0| > k\} \leqslant \alpha. \qquad (7.1)$$

实质上，式（7.1）可以实现对第一类错误的控制，使得犯第一类错误的概率不超过 α. 根据假设检验的基本思路，在原假设 $H_0: \mu = \mu_0$ 为真的条件下，当 $|\bar{x} - \mu_0| > k$ 成立时，拒绝原假设 H_0；否则，接受原假设. 所以在原假设为真的条件下，拒绝原假设等价于有 $|\bar{x} - \mu_0| > k$ 出现，从而

$$P\{拒绝 H_0 \mid H_0 为真\} = P\{|\overline{X} - \mu_0| > k\} \leqslant \alpha. \qquad (7.2)$$

问题是：如何选取满足条件的数值 k 呢？这需要考虑 $\overline{X}$ 的分布形态.

因为总体 $X \sim N(\mu_0, \sigma^2)$，所以 $\overline{X} \sim N\left(\mu_0, \dfrac{\sigma^2}{n}\right)$，从而统计量 $Z = \dfrac{\overline{X} - \mu_0}{\sigma/\sqrt{n}} \sim N(0,$

1). 由标准正态分布上 α 分位数的定义可知 $P\left\{\left|\dfrac{\overline{X} - \mu_0}{\sigma/\sqrt{n}}\right| > z_{\alpha/2}\right\} = \alpha$，因此可选取 $k = z_{\alpha/2} \cdot \dfrac{\sigma}{\sqrt{n}}$.

此时可比较 $\dfrac{|\bar{x} - \mu_0|}{\sigma/\sqrt{n}}$ 与 $z_{\alpha/2}$ 之间的大小，若 $\dfrac{|\bar{x} - \mu_0|}{\sigma/\sqrt{n}} > z_{\alpha/2}$，则表明小概率事件

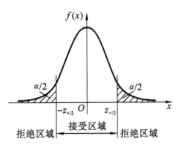

$\left\{\left|\dfrac{\overline{X} - \mu_0}{\sigma/\sqrt{n}}\right| > z_{\alpha/2}\right\}$ 发生了，所以拒绝 H_0；否则，接受 H_0.

称上述统计量 $Z = \dfrac{\overline{X} - \mu_0}{\sigma/\sqrt{n}}$ 称为**检验统计量**，称上述使用统计量 Z 作为检验统计量的检验方法为 Z **检验法**. 因为当且仅当统计量 Z 的观察值 z 满足 $|z| > z_{\alpha/2}$ 时，拒绝原假设 H_0，所以称由不等式 $|z| > z_{\alpha/2}$ 所

图 7.1　双边 Z 检验拒绝域示意图 确定的 z 的取值范围为 Z 检验的**拒绝域**，如图 7.1

所示.

例 7.1.3(续例 7.1.1)　假设采用新工艺后,步机弹圆柱直径的标准差 $\sigma=\sigma_0=0.1$ 毫米,试判断采用新工艺后子弹的平均圆柱直径是否发生了改变.

解　按题意需检验假设

$$H_0:\mu=7.89;\quad H_1:\mu\neq 7.89.$$

取显著性水平 $\alpha=0.05$,拒绝域的形式为

$$\left|\frac{\overline{x}-\mu_0}{\sigma/\sqrt{n}}\right|>z_{0.025}=1.96,$$

而

$$\frac{|\overline{x}-\mu_0|}{\sigma/\sqrt{n}}=\frac{|7.86-7.89|}{0.1/\sqrt{100}}=3>1.96,$$

统计量观察值落入拒绝域中,因此在 0.05 的显著性水平下拒绝原假设,即认为采用新工艺后,步机弹的平均圆柱直径发生了变化.

在实际问题中,有时我们只是关心总体均值是否增大,此时需要进行右边检验,即检验假设 $H_0:\mu\leqslant\mu_0;H_1:\mu>\mu_0$;有时我们只是关心总体均值是否减小,那么需要进行左边检验,即检验假设 $H_0:\mu\geqslant\mu_0;H_1:\mu<\mu_0$. 单边检验与双边检验采用同样的检验统计量,只是在拒绝域的构造上略有区别,具体见图 7.2,对应的拒绝域形式见表 7.1.

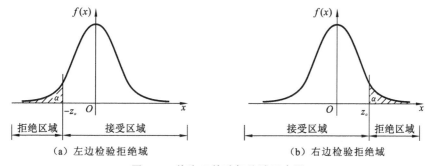

（a）左边检验拒绝域　　　　　　　　（b）右边检验拒绝域

图 7.2　单边 Z 检验拒绝域示意图

表 7.1　正态总体 $N(\mu,\sigma^2)$ 关于均值 μ 的假设检验

条件	原假设 H_0	统计量	统计量分布	备择假设 H_1	拒绝域
σ^2 已知	$\mu=\mu_0$	$Z=\dfrac{\overline{X}-\mu_0}{\sigma/\sqrt{n}}$	$Z\sim N(0,1)$	$\mu\neq\mu_0$	$|z|>z_{\alpha/2}$
	$\mu\leqslant\mu_0$			$\mu>\mu_0$	$z>z_\alpha$
	$\mu\geqslant\mu_0$			$\mu<\mu_0$	$z<-z_\alpha$
σ^2 未知	$\mu=\mu_0$	$t=\dfrac{\overline{X}-\mu_0}{S/\sqrt{n}}$	$t\sim t(n-1)$	$\mu\neq\mu_0$	$|t|>t_{\alpha/2}(n-1)$
	$\mu\leqslant\mu_0$			$\mu>\mu_0$	$t>t_\alpha(n-1)$
	$\mu\geqslant\mu_0$			$\mu<\mu_0$	$t<-t_\alpha(n-1)$

体会上面的 Z 检验的具体过程,不难看出假设检验的通常步骤:

(1) 根据实际问题确定原假设和备择假设;

(2) 明确显著性水平和样本容量;

(3) 确定检验统计量及拒绝域的形式;

(4) 根据显著水平和统计量的抽样分布来确定统计量的临界值,从而确定拒绝域;

(5) 根据样本计算统计量的值,与临界值比较,看其是否落入拒绝域;

(6) 得出结论.

在上面的步骤中,关键是选定检验统计量. 检验统计量的选择标准如下:

(1) 当原假设为真时,统计量的分布完全确定,比如在上述 Z 检验中,当原假设 $H_0:\mu=\mu_0$ 为真时,统计量 $Z=\dfrac{\overline{X}-\mu_0}{\sigma/\sqrt{n}}$ 服从标准正态分布,分布完全确定;

(2) 统计量应与原假设密切关联,具体来说统计量的观察值应能够反映原假设被满足的程度,比如,在上述 Z 检验中,统计量 $Z=\dfrac{\overline{X}-\mu_0}{\sigma/\sqrt{n}}$ 观察值的绝对值越大,表明总体均值 μ 与常数 μ_0 有偏差的可能性越大,从而原假设不成立的可能性越大.

(二) 总体方差 σ^2 未知时的检验(t 检验)

同 Z 检验法一样,可提出双边、左边和右边检验问题如下:

(1) $H_0:\mu=\mu_0$;$H_1:\mu\neq\mu_0$;

(2) $H_0:\mu\geqslant\mu_0$;$H_1:\mu<\mu_0$;

(3) $H_0:\mu\leqslant\mu_0$;$H_1:\mu>\mu_0$.

下面仍以双边检验(1)为例,说明 t 检验的过程.

因为总体方差 σ^2 未知,$Z=\dfrac{\overline{X}-\mu_0}{\sigma/\sqrt{n}}$ 中包含未知参数 σ,所以 Z 不能作为统计量. 由于样本方差 S^2 已知,且是总体方差 σ^2 的无偏估计,因此可考虑用 S 来替代 σ,得到统计量

$$t=\frac{\overline{X}-\mu_0}{S/\sqrt{n}}\sim t(n-1).$$

t 刻画了样本均值与 μ_0 之间的偏差,且其分布已知,不包含未知参数,因此,可采用 t 作为检验统计量.

对于选定的显著性水平 α,由 t 分布上 α 分位数的定义可知

$$P\{|t|>t_{\alpha/2}\}=\alpha,$$

因此,若观察值 $|t| = \dfrac{|\bar{x} - \mu_0|}{s/\sqrt{n}}$ 大于 $t_{\alpha/2}$,那么就表

明在假定原假设成立的条件下,样本观察值的偏差过分大了,必须拒绝原假设 $\mu = \mu_0$,此时拒绝域的形式为

$$\frac{|\bar{x} - \mu_0|}{s/\sqrt{n}} > t_{\alpha/2}(n-1).$$

其拒绝域的示意图如图 7.3 所示.

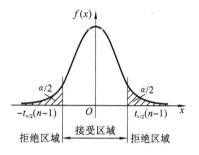

图 7.3 双边 t 检验拒绝域示意图

上述利用 t 统计量作为检验统计量的检验方法称为 **t 检验法**. 实际问题中,正态总体的方差往往是未知的,因此常用 t 检验法来处理关于正态总体均值的检验问题. 单边 t 检验法对应的拒绝域形式见表 7.1.

例 7.1.4 某厂对废水进行处理,要求某种有害物质的浓度不超过 19 毫克/升,假设废水中含该种有害物质的浓度服从正态分布.抽样检测得到 10 个数据,其样本均值 $\bar{x} = 19.5$ 毫克/升,样本方差 $s^2 = 1.25(毫克/升)^2$. 问在显著性水平 $\alpha = 0.10$ 下能否认为处理后的废水符合标准?

解 设废水中含该种有害物质的浓度为 X,则

$$X \sim N(\mu, \sigma^2).$$

根据题意,提出假设

$$H_0: \mu \leqslant 19; \quad H_1: \mu > 19.$$

这是正态总体在方差 σ^2 未知的情形,关于均值 μ 的右边检验问题. 又 $n = 10, \alpha = 0.10, \mu_0 = 19, \bar{x} = 19.5, s^2 = 1.25$,于是

$$t = \frac{\bar{x} - \mu_0}{s/\sqrt{n}} = \frac{19.5 - 19}{\sqrt{1.25/10}} = 1.4142.$$

而 $t_\alpha(n-1) = t_{0.10}(9) = 1.3830$,所以,$t = 1.4142 > t_{0.10}(9) = 1.3830$,故拒绝原假设 H_0,即显著性水平 $\alpha = 0.10$ 下不能认为处理后的废水符合标准.

7.2 单个正态总体方差和两个正态总体的假设检验

正态总体的参数有两个:期望 μ 和方差 σ^2.因此对正态总体的参数假设检验,算上两个总体对比的情况,共有如下四种情形:

(1) 对 μ 的检验;

(2) 对 σ^2 的检验;

(3) 对 $\mu_1 - \mu_2$ 的检验;

(4) 对 σ_1^2/σ_2^2 的检验.

情形(1)已经在上节中进行了讨论,本节讨论剩下的三种情形.

7.2.1 对单个正态总体方差 σ^2 的检验(χ^2 检验)

对单个正态总体方差 σ^2 的检验,可分为均值 μ 已知和均值 μ 未知两种情况. 两种情况下的检验方法的差别并不大,此处仅就 μ 未知的情况进行讨论,μ 已知情况下对 σ^2 检验的主要指标见表 7.2.

表 7.2　单个总体方差的假设检验

条件	原假设 H_0	统计量	统计量分布	备择假设 H_1	拒绝域
μ 未知	$\sigma^2=\sigma_0^2$	$\chi^2=\dfrac{(n-1)S^2}{\sigma_0^2}$	$\chi^2 \sim \chi^2(n-1)$	$\sigma^2 \neq \sigma_0^2$	$\chi^2 > \chi_{\alpha/2}^2(n-1)$ 或 $\chi^2 < \chi_{1-\alpha/2}^2(n-1)$
	$\sigma^2 \leqslant \sigma_0^2$			$\sigma^2 > \sigma_0^2$	$\chi^2 > \chi_\alpha^2(n-1)$
	$\sigma^2 \geqslant \sigma_0^2$			$\sigma^2 < \sigma_0^2$	$\chi^2 < \chi_{1-\alpha}^2(n-1)$
μ 已知	$\sigma^2=\sigma_0^2$	$\chi^2=\dfrac{\sum\limits_{i=1}^n (X_i-\mu)^2}{\sigma_0^2}$	$\chi^2 \sim \chi^2(n)$	$\sigma^2 \neq \sigma_0^2$	$\chi^2 > \chi_{\alpha/2}^2(n)$ 或 $\chi^2 < \chi_{1-\alpha/2}^2(n)$
	$\sigma^2 \leqslant \sigma_0^2$			$\sigma^2 > \sigma_0^2$	$\chi^2 > \chi_\alpha^2(n)$
	$\sigma^2 \geqslant \sigma_0^2$			$\sigma^2 < \sigma_0^2$	$\chi^2 < \chi_{1-\alpha}^2(n)$

设 $X_1, X_2, \cdots, X_n$ 是总体 $X \sim N(\mu, \sigma^2)$ 的一个样本,均值 μ、方差 σ^2 均未知. 考虑双边检验问题

$$H_0: \sigma^2=\sigma_0^2; \quad H_1: \sigma^2 \neq \sigma_0^2.$$

由于 $S^2=\dfrac{1}{n-1}\sum\limits_{i=1}^n (X_i-\overline{X})^2$ 是 σ^2 的无偏估计量,所以当 H_0 为真时,比值 S^2/σ_0^2 一般应在 1 附近波动,且波动的幅度不应太大. 由定理 5.2.2 知

$$\frac{(n-1)S^2}{\sigma_0^2} \sim \chi^2(n-1),$$

因此,选择统计量

$$\chi^2=\frac{(n-1)S^2}{\sigma_0^2}$$

作为检验统计量.

当原假设 $H_0: \sigma^2=\sigma_0^2$ 成立时,对于选定的显著性水平 α,由 χ^2 分布分位数的定义知

$$P\{\chi^2 > \chi_{\alpha/2}^2(n-1)\}=P\{\chi^2 < \chi_{1-\alpha/2}^2(n-1)\}=\alpha/2.$$

因此,若检验统计量的观察值 $\frac{(n-1)s^2}{\sigma_0^2}>\chi_{\alpha/2}^2(n-1)$ 或者 $\frac{(n-1)s^2}{\sigma_0^2}<\chi_{1-\alpha/2}^2(n-1)$,那就表明在假定 H_0 为真的条件下,小概率事件发生了,因此必须推翻原假定,拒绝原假设 H_0;否则,就要接受原假设.

通过上面分析,不难得出:在 μ 未知的条件下对正态总体方差 σ^2 的双边检验的拒绝域的形式为

$$\frac{(n-1)s^2}{\sigma_0^2}>\chi_{\alpha/2}^2(n-1) \quad \text{或} \quad \frac{(n-1)s^2}{\sigma_0^2}<\chi_{1-\alpha/2}^2(n-1).$$

对应单边检验的结果见表 7.2,其拒绝域示意图如图 7.4 所示.

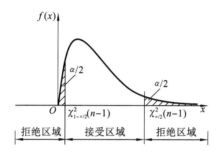

图 7.4　双边 χ^2 检验拒绝域示意图

称上述以服从自由度为 $n-1$ 的 χ^2 分布的统计量 χ^2 为检验统计量的检验方法为 **χ^2 检验法**.

例 7.2.1　某工厂生产歼 10 用特种材料板,材料板合格的指标之一是重量(单位:千克)的方差不能超过 0.016. 现从某天生产的材料板中随机抽取 25 块,得其样本方差 $s^2=0.025$,问该天生产的材料板重量是否合格?

解　这是在均值 μ 未知情形下关于正态总体方差的单边检验问题.统计假设

$$H_0:\sigma^2\leqslant0.016; \quad H_1:\sigma^2>0.016.$$

此处,$n=25$,若取 $\alpha=0.05$,查表得 $\chi_{0.05}^2(24)=36.415$,而计算可得

$$\chi^2=\frac{(n-1)s^2}{\sigma_0^2}=\frac{24\times0.025}{0.016}=37.5>36.415.$$

因此,在显著性水平 0.05 下拒绝原假设,认为该天生产的材料板重量不合格.

例 7.2.2　某涤纶厂生产的涤纶的纤度(纤维的粗细程度)在正常生产的条件下,服从正态分布 $N(1.405,0.048^2)$. 某日随机地抽取 5 根纤维,测得纤度如下:

$$1.32 \quad 1.55 \quad 1.36 \quad 1.40 \quad 1.44$$

问这一天涤纶纤度总体 ξ 的均方差是否正常?($\alpha=0.05$)

解　这是在均值 μ 已知情形下关于正态总体方差的双边检验问题.统计假设

$$H_0 : \sigma^2 = 0.048^2 ; \quad H_1 : \sigma^2 \neq 0.048^2 .$$

此处，$n = 5$，$\alpha = 0.05$，查表得 $\chi^2_{0.025}(5) = 12.833$，$\chi^2_{0.975}(5) = 0.831$，而计算可得

$$\chi^2 = \frac{1}{0.048^2} [(1.32 - 1.405)^2 + (1.55 - 1.405)^2 + \cdots + (1.44 - 1.405)^2]$$

$$= 13.683 > 12.833 .$$

因此，在显著性水平 0.05 下拒绝原假设，认为该天生产的涤纶纤度的均方差不正常.

7.2.2　两个正态总体的检验

设 $X_1, X_2, \cdots, X_{n_1}$ 是来自总体 $X \sim N(\mu_1, \sigma_1^2)$ 的一个样本，$Y_1, Y_2, \cdots, Y_{n_2}$ 是来自总体 $Y \sim N(\mu_2, \sigma_2^2)$ 的一个样本，且两者相互独立，$\overline{X}, \overline{Y}, S_1^2, S_2^2$ 分别为对应的样本均值与样本方差. 现在对于给定显著性水平 α，来讨论针对两总体的均值和方差的假设检验问题.

（一）对均值的检验

为了检验两总体的均值是否有显著差异，提出检验假设

$$H_0 : \mu_1 = \mu_2 ; \quad H_1 : \mu_1 \neq \mu_2 .$$

1. σ_1^2, σ_2^2 均为已知的情形

由于 $\overline{X}, \overline{Y}$ 分别是 μ_1, μ_2 的无偏估计量，所以 $\overline{X} - \overline{Y}$ 是 $\mu_1 - \mu_2$ 的无偏估计量，且由抽样分布知

$$\frac{(\overline{X} - \overline{Y}) - (\mu_1 - \mu_2)}{\sqrt{\sigma_1^2 / n_1 + \sigma_2^2 / n_2}} \sim N(0, 1).$$

因此，当原假设 $H_0 : \mu_1 = \mu_2$ 为真时，$Z = \dfrac{\overline{X} - \overline{Y}}{\sqrt{\sigma_1^2 / n_1 + \sigma_2^2 / n_2}} \sim N(0, 1)$，故可选择

$$Z = \frac{\overline{X} - \overline{Y}}{\sqrt{\sigma_1^2 / n_1 + \sigma_2^2 / n_2}} \tag{7.3}$$

作为检验统计量. 对于给定显著性水平 α，根据标准正态分布上 α 分位数的定义，可知其对应的拒绝域的形式为

$$|z| > z_{\alpha/2} .$$

当由样本观测值 $x_1, x_2, \cdots, x_n$ 计算出统计量 Z 的观测值 $|z| > z_{\alpha/2}$ 时，拒绝原假设；否则，接受原假设.

因为检验统计量 Z 服从标准正态分布，所以也称这种检验法为 **Z 检验法**.

2. $\sigma_1^2 = \sigma_2^2 = \sigma^2$，但 σ^2 未知的情形

当原假设 $H_0 : \mu_1 = \mu_2$ 为真时，统计量

$$t = \sqrt{\frac{n_1 n_2 (n_1 + n_2 - 2)}{n_1 + n_2}} \cdot \frac{\overline{X} - \overline{Y}}{\sqrt{(n_1 - 1) S_1^2 + (n_2 - 1) S_2^2}} \qquad (7.4)$$

服从自由度为 $n_1 + n_2 - 2$ 的 t 分布,因此可选取其作为检验统计量. 对于给定的显著性水平 α,根据 t 分布上 α 分位数的定义,可知 $P\{|t| > t_{\alpha/2}(n_1 + n_2 - 2)\} = \alpha$,故该检验的拒绝域形式为

$$|t| > t_{\alpha/2}(n_1 + n_2 - 2).$$

当由样本观测值 $x_1, x_2, \cdots, x_n$ 计算出统计量 t 的观测值 $|t| > t_{\alpha/2}(n_1 + n_2 - 2)$ 时,拒绝原假设;否则,接受原假设.

因为检验统计量 t 服从 t 分布,所以也称这种检验法为 **t 检验法**.

两正态总体均值单边检验的相应结果见表 7.3.

表 7.3　两正态总体均值的假设检验

条件	原假设 H_0	统计量	统计量分布	拒绝域
σ_1^2, σ_2^2 已知	$\mu_1 = \mu_2$	$Z = \dfrac{\overline{X} - \overline{Y}}{\sqrt{\sigma_1^2/n_1 + \sigma_2^2/n_2}}$	$N(0,1)$	$|z| > z_{\alpha/2}$
	$\mu_1 \leqslant \mu_2$			$z > z_{\alpha}$
	$\mu_1 \geqslant \mu_2$			$z < -z_{\alpha}$
$\sigma_1^2 = \sigma_2^2 = \sigma^2$, 但 σ^2 未知	$\mu_1 = \mu_2$	$t = \sqrt{\dfrac{n_1 n_2 (n_1 + n_2 - 2)}{n_1 + n_2}} \cdot$ $\dfrac{\overline{X} - \overline{Y}}{\sqrt{(n_1 - 1) S_1^2 + (n_2 - 1) S_2^2}}$	$t(n_1 + n_2 - 2)$	$|t| > t_{\alpha/2}(n_1 + n_2 - 2)$
	$\mu_1 \leqslant \mu_2$			$t > t_{\alpha}(n_1 + n_2 - 2)$
	$\mu_1 \geqslant \mu_2$			$t < -t_{\alpha}(n_1 + n_2 - 2)$

(二) 对方差的检验(F 检验)

为了检验两总体的方差是否有显著差异,提出检验假设

$$H_0 : \sigma_1^2 = \sigma_2^2; \quad H_1 : \sigma_1^2 \neq \sigma_2^2.$$

由于 S_1^2 和 S_2^2 分别为总体方差 σ_1^2, σ_2^2 的无偏估计,当原假设 $H_0 : \sigma_1^2 = \sigma_2^2$ 为真时, S_1^2 与 S_2^2 的比值应当在 1 附近波动,且波动幅度不应太大. 进一步,因为

$$\frac{(n_1 - 1) S_1^2}{\sigma_1^2} \sim \chi^2(n_1 - 1), \quad \frac{(n_2 - 1) S_2^2}{\sigma_2^2} \sim \chi^2(n_2 - 1),$$

且两者相互独立,所以

$$F = \frac{\dfrac{(n_1 - 1) S_1^2}{\sigma_1^2} \Big/ (n_1 - 1)}{\dfrac{(n_2 - 1) S_2^2}{\sigma_2^2} \Big/ (n_2 - 1)} = \frac{S_1^2/\sigma_1^2}{S_2^2/\sigma_2^2} \sim F(n_1 - 1, n_2 - 1).$$

因此当原假设 H_0 成立时, $F = \dfrac{S_1^2}{S_2^2} \sim F(n_1 - 1, n_2 - 1)$,从而可选取 F 作为检验统

计量.

对于给定的显著性水平 α,根据 F 分布 α 分位数的定义,可得

$$P\{F>F_{\alpha/2}(n_1-1,n_2-1)\}=P\{F<F_{1-\alpha/2}(n_1-1,n_2-1)\}=\alpha/2,$$

可知其对应的拒绝域的形式为

$$F>F_{\alpha/2}(n_1-1,n_2-1)\quad\text{或}\quad F<F_{1-\alpha/2}(n_1-1,n_2-1).$$

当由样本观测值 $x_1,x_2,\cdots,x_n$ 计算出统计量 F 的观测值 $F>F_{\alpha/2}(n_1-1,n_2-1)$ 或 $F<F_{1-\alpha/2}(n_1-1,n_2-1)$ 时,拒绝原假设;否则,接受原假设.

因为检验统计量 F 服从 F 分布,所以称这种检验法为 **F 检验法**.

例 7.2.3 为研究矽肺患者肺功能的变化情况,某医院对 I、II 期矽肺患者各 31 名测其肺活量,得到 I 期患者的平均数为 2710 毫升,标准差为 147 毫升;II 期患者的平均数为 2830 毫升,标准差为 118 毫升.假定 I、II 期患者的肺活量服从正态分布 $N(\mu_1,\sigma_1^2)$、$N(\mu_2,\sigma_2^2)$,试问在显著性水平 $\alpha=0.05$ 下,第 I、II 期矽肺患者的肺活量有无显著差异?

解 设 X,Y 分别表示第 I、II 期矽肺患者的肺活量,则

$$X\sim N(\mu_1,\sigma_1^2),\quad Y\sim N(\mu_2,\sigma_2^2),$$

其中 $\mu_1,\mu_2,\sigma_1^2,\sigma_2^2$ 均未知.肺活量的差异反映在均值和方差两个方面,因此,要进行关于 σ_1^2,σ_2^2 和关于 μ_1,μ_2 的双侧假设检验.

由题设条件知 $n_1=31,n_2=31,\bar{x}=2710,\bar{y}=2830,s_1=147,s_2=118.$

在显著性水平 $\alpha=0.05$ 下,首先检验方差是否存在显著差异.提出检验假设

$$H_0:\sigma_1^2=\sigma_2^2;\quad H_1:\sigma_1^2\neq\sigma_2^2.$$

查表计算可得 $F_{0.025}(30,30)=2.07,F_{0.975}(30,30)=0.4831$,而计算可得

$$F=\frac{S_1^2}{S_2^2}=\frac{147^2}{118^2}=1.5519,$$

即 $F_{0.975}(30,30)<F<F_{0.025}(30,30)$,所以在显著性水平 0.05 下接受原假设,认为第 I、II 期矽肺患者的肺活量的方差无显著差异.

然后需要显著性水平 $\alpha=0.05$ 下,检验均值是否有显著差异.提出检验假设

$$H_0:\mu_1=\mu_2;\quad H_1:\mu_1\neq\mu_2.$$

由于 $\sigma_1^2=\sigma_2^2$,故可选统计量为

$$t=\sqrt{\frac{n_1n_2(n_1+n_2-2)}{n_1+n_2}}\cdot\frac{\overline{X}-\overline{Y}}{\sqrt{(n_1-1)S_1^2+(n_2-1)S_2^2}}$$

作为检验统计量.查表得 $t_{\alpha/2}(n_1+n_2-2)=t_{0.025}(60)\approx z_{0.025}=1.96$,而计算可得观测值

$$|t|=\sqrt{\frac{n_1n_2(n_1+n_2-2)}{n_1+n_2}}\cdot\frac{|\overline{X}-\overline{Y}|}{\sqrt{(n_1-1)s_1^2+(n_2-1)s_2^2}}=3.5444,$$

即 $|t| > t_{0.025}(60)$，所以在显著性水平 0.05 下拒绝原假设，认为第 I、II 期矽肺患者的肺活量存在显著差异.

总体均值 μ_1、μ_2 已知以及单边检验的相应结果见表 7.4.

表 7.4　两正态总体方差比的假设检验

条件	原假设 H_0	统计量	统计量分布	拒绝域
μ_1，μ_2 未知	$\sigma_1^2 = \sigma_2$	$F = \dfrac{S_1^2}{S_2^2}$	$F(n_1-1, n_2-1)$	$F > F_{\alpha/2}(n_1-1, n_2-1)$ 或 $F < F_{1-\alpha/2}(n_1-1, n_2-1)$
	$\sigma_1^2 \leqslant \sigma_2$			$F > F_\alpha(n_1-1, n_2-1)$
	$\sigma_1^2 \geqslant \sigma_2$			$F < F_{1-\alpha}(n_1-1, n_2-1)$
μ_1，μ_2 已知	$\sigma_1^2 = \sigma_2$	$F = \dfrac{\frac{1}{n_1}\sum\limits_{i=1}^{n_1}(X_i-\mu_1)^2}{\frac{1}{n_2}\sum\limits_{i=1}^{n_2}(X_i-\mu_2)^2}$	$F(n_1, n_2)$	$F > F_{\alpha/2}(n_1, n_2)$ 或 $F < F_{1-\alpha/2}(n_1, n_2)$
	$\sigma_1^2 \leqslant \sigma_2$			$F > F_\alpha(n_1, n_2)$
	$\sigma_1^2 \geqslant \sigma_2$			$F < F_{1-\alpha}(n_1, n_2)$

7.3　研讨专题

7.3.1　"接受原假设"的真谛

假设检验中，当检验统计量的观察值落入拒绝域时，我们"拒绝原假设"，即认为有充足的证据表明原假设是不成立的；相反，当检验统计量的观察值不落入拒绝域时，我们"接受原假设"，那么这意味着什么呢？ 是否意味着"有充足的证据表明原假设是成立的"？

回答这个问题之前，先看下面一个例子.

例 7.3.1（大米重量问题）　一个大米加工厂卖给一个超市一批标明 10 千克重的大米，而该超市怀疑该厂家缺斤短两，对 10 包大米进行了称重，得到下面结果（单位：千克）：

9.93　9.83　9.76　9.95　10.07　9.89　10.03　9.97　9.89　9.87

假定打包的大米重量服从正态分布，取显著性水平 $\alpha = 0.05$，请利用上述数据检验厂家是否缺斤短两.

由于发生分歧，于是各方同意用这个数据进行关于大米重量均值 μ 的检验. 以厂家所说的平均重量为 10 千克作为原假设，而以超市怀疑的分量不足 10 千克作为

备择假设,即

$$H_0:\mu=10; \quad H_1:\mu<10.$$

于是,超市、加工厂老板和该老板请的律师都进行了检验.结果是:

(a) 超市用全部数据进行 t 检验,得到了"拒绝原假设"的结论.

检验的详细过程请读者参照前面的例题自行给出.

(b) 加工厂老板只用 2 个数据,得到"接受原假设"的结论.

大米加工厂老板也懂些统计,他只取了上面样本的头两个数目 9.93 和 9.83 进行同样的 t 检验,检验结果是"接受原假设".详细过程也请读者自行给出.

(c) 加工厂老板的律师使用了全部数据,采用本教材没有详细介绍的非参数检验方法,得到了"接受原假设"结论.

现在,大米加工厂老板和律师认为:"既然三个检验中有两个都接受原假设,那么就应该接受原假设".他们的说法正确吗? 为什么?

显然大米加工厂老板和律师的说法是错误的,原因如下:

(1)"接受原假设"并不意味着"有充足的证据表明原假设是成立的",只是意味着在现有样本和检验方法下无法证明原假设是不成立的,也许在更多样本或者更先进检验方法下就能证明原假设是不成立的.

假设检验就好比法庭辩论,在控辩双方出招之前,先设定一个原假设:"被告是无罪的".在这个假设之下,如果控诉方能够提供足够的证据,证明原假设不成立,那么这说明有足够的证据表明被告是有罪的;如果控诉方不能证明被告不是无罪,那只是意味着目前没有足够证据证明被告是有罪的,并不意味着被告真的是无罪的.好比对一个丢弃了赃物的小偷来说,虽然没有足够的证据证明他是小偷,但并不意味着他真的不是小偷.因此,在假设检验中,决不能将"接受原假设"看作原假设成立的证明,它只是意味着目前没有足够证据证明原假设是不成立的.

从而,对同一个假设检验问题,当存在多个检验结果时,只要有一个检验结果是"拒绝原假设",那么最终检验结果就应当是"拒绝原假设",而不应当遵循"少数服从多数"的原则.

(2) 在已经得到样本的情况下,随意取舍一定数目的样本是违背统计学原理和统计道德的,这相当于篡改或毁灭证据.因此,大米加工厂老板的检验方法是违背统计学原理和统计道德的.

综上所述,在显著性水平 $\alpha=0.05$ 条件下,大米加工厂的确存在缺斤短两问题.

整理得到假设检验中有关"接受原假设"的几个要点:

(1)"接受原假设"并非原假设成立的证明,只是无法拒绝原假设的"无奈";

(2) 当对同一个假设检验问题存在多个检验结果时,只要存在一个检验结果为"拒绝原假设",那么最终结果就应当拒绝,而不应遵循"少数服从多数"的原则;

（3）假设检验中，无故丢弃样本数据是违背统计学原理和统计道德的，应避免．

7.3.2 显著性水平与第二类错误

假设检验中，一些人认为显著性水平 α 取得越小，检验的效果就越好，这种说法正确吗？

我们结合下面一个具体实例来回答这个问题．

例 7.3.2（供油合同问题） 汽油含硫量的国家标准为不超过 0.08%．某炼油厂（甲方）向加油站（乙方）成批（车次）供货，双方制定了相关的产品质量监控合同，商定每批抽检 10 辆车．以下为抽检的 10 辆车上汽油的含硫量数据（%）：

0.0864 0.0744 0.0864 0.0752 0.0760 0.0954 0.0936 0.1016 0.0800 0.0880

（1）据这些数据推断乙方是否接受该批汽油？

（2）乙方与一新炼油厂（丙方）谈判，并且风闻丙方有用含硫量 0.086% 的汽油顶替合格品的前科，那么如果乙方沿用与甲方订的合同，会有什么后果？

（一）显著性水平的影响

在问题（1）中，推断乙方是否接受该批汽油，等价于根据样本做总体均值 μ 的右侧假设检验：

$$H_0 : \mu \leqslant \mu_0 = 0.08 ; \quad H_1 : \mu > \mu_0 = 0.08 .$$

因为总体方差未知，所以应当做关于总体均值的 t 检验．选定显著性水平 $\alpha = 0.05$，采用 Matlab 软件中的 ttest 函数，可实现这一检验，程序代码如下：

```
x=[0.0864 … 0.0880];        %输入样本数据
xbar=mean(x)                %计算样本均值
[h, sig]=ttest(x,0.08,0.05,1)   %取显著性水平 α=0.05 做单侧 t 检验
```

运行该程序得到：

```
xbar=0.0857
h=1,sig=0.0424
```

因为 $h=1$，所以在显著性水平 $\alpha = 0.05$ 条件下，拒绝原假设 H_0，即乙方拒绝接受该批汽油．

如果选取显著性水平 $\alpha = 0.01$，再次运行上述 Matlab 程序，得到 $h=0$，因此应接受原假设 H_0．

我们看到，对同一个检验问题，选取不同的显著性水平得到了截然相反的结论．那么该如何看待上述检验结果呢？

（二）显著性水平与第二类错误

本章 7.1.2 节曾指出,在显著性检验中,显著性水平 α 可实现对第一类错误的控制,α 越小,检验中犯第一类错误的概率就越小(参见式(7.2)). 但不可避免地,犯第二类错误的概率就会增加. 也就是说,在假设检验中降低显著性水平,虽然可以使得"弃真"的可能性减小,但却必定同时使得"取伪"的可能性增加.

下面通过对问题(2)的解答,展示显著性水平与第二类错误之间的关系.

现在假定乙方与丙方谈判时沿用与甲方订的合同,并且丙方果然提供了含硫量 0.086% 的汽油,不妨设测量的 10 个样本数据与题目中甲方提供的相同. 此时判断乙方是否应接受丙方提供的汽油,实质上就是在总体均值 $\mu=\mu_1=0.086$ 的背景下,进行关于 μ 的右侧假设检验:

$$H_0:\mu\leqslant\mu_0=0.08; \quad H_1:\mu>\mu_0=0.08.$$

显然此时 H_0 为假. 若检验最终接受 H_0,则犯第二类错误.

下面尝试计算犯第二类错误的概率.

取显著性水平 α,根据右侧检验的规则,当 $\dfrac{\overline{x}-\mu_0}{s/\sqrt{n}}<t_\alpha(n-1)$ 时,接受 H_0. 所以,在总体均值 $\mu=\mu_1=0.086$ 的条件下接受 H_0 的概率,即犯第二类错误的概率为

$$\beta=P\left\{\frac{\overline{X}-\mu_0}{S/\sqrt{n}}<t_\alpha\right\}=P\left\{\frac{\overline{X}-\mu_1+\mu_1-\mu_0}{S/\sqrt{n}}<t_\alpha\right\}=P\left\{\frac{\overline{X}-\mu_1}{S/\sqrt{n}}<t_\alpha-\frac{\mu_1-\mu_0}{S/\sqrt{n}}\right\}.$$

而统计量

$$\frac{\overline{X}-\mu_1}{S/\sqrt{n}}\sim t(n-1),$$

所以,犯第二类错误的概率为

$$\beta=P\left\{\frac{\overline{X}-\mu_1}{S/\sqrt{n}}<t_\alpha-\frac{\mu_1-\mu_0}{S/\sqrt{n}}\right\}=F_{t(n-1)}(t_\beta), \tag{7.5}$$

其中,$F_{t(n-1)}(x)$ 为自由度为 $n-1$ 的 t 分布的分布函数,$t_\beta=t_\alpha-\dfrac{\mu_1-\mu_0}{S/\sqrt{n}}$.

根据式(7.5),可计算在显著性水平为 α 时犯第二类错误的概率. Matlab 程序如下:

```
clear;clc;
x = [0.0864 … 0.0880];
mu0=0.08;mu1=0.086;n=10;
alpha=0.05
talpha=tinv(1-alpha,n-1);
s=std(x);
```

g=(mu1-mu0)/(s/sqrt(n));

beta=tcdf(talpha-g,n-1)

运行该程序得

alpha=0.05   beta=0.4211

这表明,当取显著性水平 $\alpha=0.05$ 时,犯第二类错误的概率为 0.4211.

取不同的显著性水平 α 值输入程序,计算得到对应的犯第二类错误的概率 β,见表 7.5.

表 7.5   不同显著性水平下犯第二类错误的概率

显著性水平 α	0.2	0.1	0.05	0.01	0.005
第二类错误概率 β	0.0846	0.2644	0.4211	0.7733	0.8718

观察表中数据,可以发现:在该例中随着显著性水平 α 的减小,犯第二类错误的概率 β 迅速增大. 若取 $\alpha=0.005$,则此时乙方犯第二类错误的概率即错误接受丙方不合格汽油的概率竟然达到 0.8718.

（三）结　论

综上所述,在显著性检验中,显著性水平 α 与犯第二类错误的概率 β 有密切联系,过小的 α 虽然可以实现对第一类错误的控制,但却同时导致犯第二类错误的概率 β 大大增加.

实际情况中,应当根据"弃真"和"取伪"的成本选择合适的显著性水平. 比如,在例 7.3.2 中,如果甲方是乙方的长期可靠合作伙伴,且更换合作伙伴的花费和影响比销售超标汽油要大很多,那么应当选取比通常更小的显著性水平来进行检验,以求对"弃真"错误的控制;反之,如果更换合作伙伴简单易行,且销售超标汽油的影响比更换合作伙伴的影响大很多,那么就应当选择比通常更大的显著性水平来进行检验.

本章主要术语的汉英对照表

假设检验	hypothesis testing
统计假设	statistical hypothesis
原假设	original hypothesis
备择假设	alternative hypothesis
检验统计量	test statistic

第一类错误	type Ⅰ error
第二类错误	type Ⅱ error
拒绝域	rejection region
显著性检验	significance test
显著性水平	significance level

习　题　7

1. 样本容量 n 确定后,在一个假设检验中,给定显著性水平 α,设此第二类错误的概率为 β,则必有(　　).

　　(A) $\alpha+\beta=1$　　　(B) $\alpha+\beta>1$　　　(C) $\alpha+\beta<1$　　　(D) $\alpha+\beta<2$

2. 假设总体服从正态分布,μ,σ^2 未知,$\overline{X},S^2$ 为样本的均值与方差,则对于检验 $H_0:\mu=\mu_0$ 所构造的检验统计量为(　　).

　　(A) $\dfrac{\overline{X}-\mu_0}{\sigma}$　　　(B) $\dfrac{\overline{X}-\mu_0}{S}$　　　(C) $\dfrac{\overline{X}-\mu_0}{\sigma/\sqrt{n}}$　　　(D) $\dfrac{(\overline{X}-\mu_0)\sqrt{n}}{S}$

3. 某射手以往的射击记录是:平均每射击 100 次有 60 次优秀.经过一段时间训练后,检查结果表明现在平均每射击 100 次有 70 次优秀,这个成绩是否证明该射手的射击水平有了显著提高.该假设检验问题原假设应设为(　　).

　　(A) $H_0:\mu=0.6$　　(B) $H_0:\mu\leqslant0.6$　　(C) $H_0:\mu\geqslant0.7$　　(D) $H_0:\mu=0.7$

4. 正常人的脉搏平均为 72 次/分钟,现某医生从铅中毒的患者中抽取 10 个人,测得其脉搏为

　　　　　　54　67　68　78　70　66　67　70　65　69

设脉搏服从正态分布,问在显著性水平 $\alpha=0.05$ 下,铅中毒患者与正常人的脉搏是否有显著性差异?

5. 某纯净水生产厂用自动灌装机灌装纯净水,该自动灌装机正常罐装量 $X\sim N(18,0.4^2)$.现测量某天该厂 9 个灌装样品的罐装量(单位:升)为

　　　　18.0　17.6　17.3　18.2　18.1　18.5　17.9　18.1　18.3

在显著性水平 $\alpha=0.05$ 下,试问:

　　(1) 该天罐装是否合格?

　　(2) 罐装量精度是否在标准范围内?

6. 已知矿砂的标准镍含量为 3.25%,某批矿砂的 5 个样品中的镍含量经测定分别为

$$3.25\%\quad 3.27\%\quad 3.24\%\quad 3.26\%\quad 3.24\%$$

设测定值 X 服从正态分布,问在显著性水平 $\alpha=0.01$ 下能否接受这批矿砂?

7. 从甲地发送一个信号到乙地. 设乙地接受的信号值服从正态分布 $N(\mu,2^2)$,其中 μ 为甲地发送的真实信号值. 现甲地重复发送同一信号 5 次,乙地接收的信号值为

$$8.05\quad 8.15\quad 8.2\quad 8.1\quad 8.25$$

设乙地接收方有理由猜测甲地发送的信号值为 8,问能否接受这种猜测?($\alpha=0.05$)

8. 某气象数据正常情况下服从方差为 0.048^2 的正态分布. 在某地区的 5 个地点对该数据进行观察,得到的结果如下:

$$1.32\quad 1.55\quad 1.36\quad 1.40\quad 1.44$$

问该地区的这个气象数据方差是否正常?($\alpha=0.05$)

9. 抛掷一枚硬币 495 次,其中 220 次出现币值. 试在显著性水平 $\alpha=0.05$ 下检验这枚硬币是否均匀.

10. 用手枪对 100 个靶各打了 10 发子弹,只记录命中与否. 射击结果如下:

命中数 k_i	0	1	2	3	4	5	6	7	8	9	10
频数 f_i	0	2	4	10	22	26	18	12	4	2	0

在显著性水平 $\alpha=0.05$ 下检验命中次数是否服从二项分布.

11. 在正常情况下,某工厂生产的电灯泡的寿命 X 服从正态分布. 现测得 10 个灯泡的寿命(单位:小时)为

$$1490\quad 1440\quad 1680\quad 1610\quad 1500\quad 1750\quad 1550\quad 1420\quad 1800\quad 1580$$

能否认为该厂生产的电灯泡寿命的标准差为 $\sigma=120$ 小时?

12. 测定某种溶液的水分,由它的 10 个测量值算得 $\bar{x}=0.452\%$,$s=0.037\%$. 设测量值的总体服从正态分布,试在显著性水平 $\alpha=0.05$ 下,分别检验假设:

(1) $H_0:\mu\geq 0.5\%$;$H_1:\mu<0.5\%$;

(2) $H_0:\sigma\geq 0.04\%$;$H_1:\sigma<0.04\%$.

13. 某香烟厂生产两种香烟,独立地随机抽取容量相等的烟叶标本,测得尼古丁含量的毫克数,实验室分别做了六次测定,数据记录如下:

$$甲:\quad 28\quad 23\quad 25\quad 22\quad 26\quad 29$$
$$乙:\quad 28\quad 23\quad 30\quad 25\quad 27\quad 21$$

试问这两种香烟中尼古丁含量有无显著差异?给定 $\alpha=0.05$,假定尼古丁含量服从正态分布且具有相同的方差.

14. 从一台车床加工的一批轴料中抽取 15 件测量其椭圆度,计算的样本标准差 $s=$

0.025,问该批轴料椭圆度的总体方差与规定的 $\sigma^2 = 0.0004$ 有无显著差异?($\alpha = 0.05$,椭圆度服从正态分布)

15. 有一正四面体,四个面上分别表有 A、B、C、D 作为记号. 现在任意地抛掷它直到 A 面与地面接触为止,记录其抛掷的次数,作为一次试验. 做 200 次这样的试验,结果如下:

抛掷次数	1	2	3	4	5
频数	56	48	32	28	36

问该正四面体是否均匀?($\alpha = 0.05$)

16. 设总体 $X \sim N(\mu, 2^2)$,抽取容量为 20 的样本 $X_1, X_2, \cdots, X_{20}$.

(1) 已知 μ,求概率 $P\left\{43.6 \leqslant \sum_{i=1}^{20} (X_i - \mu)^2 \leqslant 150.4\right\}$;

(2) 未知 μ,求概率 $P\left\{43.8 \leqslant \sum_{i=1}^{20} (X_i - \overline{X})^2 \leqslant 154.4\right\}$.

17. 从清凉饮料自动售货机随机抽样 36 杯,其平均含量为 219 毫升,标准差为 14.2 毫升,在 $\alpha = 0.05$ 的显著性水平下,试检验假设:$H_0 : \mu = \mu_0 = 222$;$H_1 : \mu < \mu_0 = 222$.

18. 某手机生产厂家在其宣传广告中声称他们生产的某种品牌手机的平均待机时间至少为 71.5 小时,现质检部门检查了该厂生产的这种品牌的手机 6 部,得到的待机时间(小时)为

$$69 \quad 68 \quad 72 \quad 70 \quad 66 \quad 75$$

设手机的待机时间 $X \sim N(\mu, \sigma^2)$,由这些数据能否说明其广告有欺骗消费者之嫌疑?(显著性水平 $\alpha = 0.05$)

19. 过去经验显示,高三学生完成标准考试的时间为一正态分布变量,其标准差为 6 分钟. 若随机样本为 20 位学生,其标准差 $s = 4.51$ 分钟,在 $\alpha = 0.05$ 的显著性水平下,是否可认为标准差减少了?

20. 随机地取某种炮弹 9 发做试验,得炮口速度的样本标准差 $s = 11$ 米/秒. 设炮口速度服从正态分布,求这种炮弹的炮口速度的标准差 σ 的置信度为 0.95 的置信区间.

21. 某厂生产某种型号的电池,其使用寿命长期以来服从方差 $\sigma^2 = 5000$ 小时^2 的正态分布,现从一批这种型号的电池中随机取 26 只,测得其寿命的样本方差为 9200 小时^2. 问这批电池的寿命的方差较以往有无显著变化?($\alpha = 0.02$)

附表 1   几种常用的概率分布表

分布	参数	分布律或概率密度	数学期望	方差
0-1 分布	$0 < p < 1$	$P\{X=k\}=p^k(1-p)^{1-k}, k=0,1,2$	p	$p(1-p)$
二项分布	$n \geqslant 1$ $0 < p < 1$	$P\{X=k\}=C_n^k p^k(1-p)^{n-k}$	np	$np(1-p)$
负二项分布 （巴斯卡分布）	$r \geqslant 1$ $0 < p < 1$	$P\{X=k\}=C_{k-1}^{r-1} p^r(1-p)^{k-r}$ $k=r,r+1,\cdots$	$\dfrac{r}{p}$	$\dfrac{r(1-p)}{p^2}$
几何分布	$0 < p < 1$	$P\{X=k\}=(1-p)^{k-1}p$ $k=1,2,\cdots$	$\dfrac{1}{p}$	$\dfrac{1-p}{p^2}$
超几何分布	N,M,n $(M \leqslant N)$ $(n \leqslant N)$	$P\{X=k\}=\dfrac{C_M^k C_{N-M}^{n-k}}{C_N^k}$ k 为整数， $\max\{0,n-N+M\} \leqslant k \leqslant \min\{n,M\}$	$\dfrac{nM}{N}$	$\dfrac{nM}{N}\left(1-\dfrac{M}{N}\right)$ $\cdot\left(\dfrac{N-n}{N-1}\right)$
泊松分布	$\lambda > 0$	$P\{X=k\}=\dfrac{\lambda^k \mathrm{e}^{-\lambda}}{k!}$ $k=0,1,2,\cdots$	λ	λ
均匀分布	$a < b$	$f(x)=\begin{cases}\dfrac{1}{b-a}, & a<x<b \\ 0, & \text{其他}\end{cases}$	$\dfrac{a+b}{2}$	$\dfrac{(b-a)^2}{12}$
正态分布	μ $\sigma > 0$	$f(x)=\dfrac{1}{\sqrt{2\pi}\sigma}\mathrm{e}^{-(x-\mu)^2/(2\sigma^2)}$	μ	σ^2
Γ 分布	$\alpha > 0$ $\beta > 0$	$f(x)=\begin{cases}\dfrac{1}{\beta^\alpha \Gamma(\alpha)}x^{\alpha-1}\mathrm{e}^{-\frac{x}{\beta}}, & x>0 \\ 0, & \text{其他}\end{cases}$	$\alpha\beta$	$\alpha\beta^2$
指数分布 （负指数分布）	θ	$f(x)=\begin{cases}\dfrac{1}{\theta}\mathrm{e}^{-x/\beta}, & x>0 \\ 0, & \text{其他}\end{cases}$	θ	θ^2
χ^2 分布	$n \geqslant 1$	$f(x)=\begin{cases}\dfrac{1}{2^{n/2}\Gamma(n/2)}x^{n/2-1}\mathrm{e}^{-x/2}, & x>0 \\ 0, & \text{其他}\end{cases}$	n	$2n$

分布	参数	分布律或概率密度	数学期望	方差
韦布尔分布	$\eta>0$ $\beta>0$	$f(x)=\begin{cases}\dfrac{\beta}{\eta}\left(\dfrac{x}{\eta}\right)^{\beta-1}\mathrm{e}^{-\left(\frac{x}{\eta}\right)^{\beta}},\ x>0\\[2mm]0,\qquad\qquad\qquad 其他\end{cases}$	$\eta\Gamma\left(\dfrac{1}{\beta}+1\right)$	$\eta^2\left\{\Gamma\left(\dfrac{2}{\beta}+1\right)\right.$ $\left.-\left[\Gamma\left(\dfrac{1}{\beta}+1\right)\right]^2\right\}$
瑞利分布	$\sigma>0$	$f(x)=\begin{cases}\dfrac{x}{\sigma^2}\mathrm{e}^{-x^2/(2\sigma^2)},\ x>0\\[2mm]0,\qquad\qquad\quad 其他\end{cases}$	$\sqrt{\dfrac{\pi}{2}}\sigma$	$\dfrac{4-\pi}{2}\sigma^2$
β分布	$\alpha>0$ $\beta>0$	$f(x)=\begin{cases}\dfrac{\Gamma(\alpha+\beta)}{\Gamma(\alpha)\Gamma(\beta)}x^{\alpha-1}(1-x)^{\beta-1},\ 0<x<1\\[2mm]0,\qquad\qquad\qquad\qquad 其他\end{cases}$	$\dfrac{\alpha}{\alpha+\beta}$	$\dfrac{\alpha\beta}{(\alpha+\beta)^2(\alpha+\beta+1)}$
对数正态分布	μ $\sigma>0$	$f(x)=\begin{cases}\dfrac{1}{\sqrt{2\pi}\sigma x}\mathrm{e}^{-(\ln x-\mu)^2/(2\sigma^2)},\ x>0\\[2mm]0,\qquad\qquad\qquad\qquad 其他\end{cases}$	$\mathrm{e}^{\mu+\frac{\sigma^2}{2}}$	$\mathrm{e}^{2\mu+\sigma^2}(\mathrm{e}^{\sigma^2}-1)$
柯西分布	a $\lambda>0$	$f(x)=\dfrac{1}{\pi}\dfrac{1}{\lambda^2+(x-a)^2}$	不存在	不存在
t分布	$n\geqslant1$	$f(x)=\dfrac{\Gamma\left(\dfrac{n+1}{2}\right)}{\sqrt{n\pi}\Gamma(n/2)}\left(1+\dfrac{x^2}{n}\right)^{-(n+1)/2}$	$0,n>1$	$\dfrac{n}{n-2},n>2$
F分布	n_1,n_2	$f(x)=\begin{cases}\dfrac{\Gamma[(n_1+n_2)/2]}{\Gamma(n_1/2)\Gamma(n_2/2)}\left(\dfrac{n_1}{n_2}\right)\\[2mm]\quad\cdot\left(\dfrac{n_1}{n_2}x^{n_1/2-1}\right)\\[2mm]\quad\cdot\left(1+\dfrac{n_1}{n_2}x\right)^{-(n_1+n_2)/2},x>0\\[2mm]0,\qquad\qquad\qquad\quad 其他\end{cases}$	$\dfrac{n_2}{n_2-2}$ $n_2>2$	$\dfrac{2n_2^2(n_1+n_2-2)}{n_1(n_2-2)^2(n_2-4)}$ $n_2>4$

附表 2 标准正态分布表

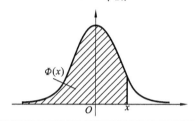

$$\Phi(x) = \int_{-\infty}^{x} \frac{1}{\sqrt{2\pi}} e^{-\frac{x^2}{2}} \, dx$$

x	0	0.01	0.02	0.03	0.04	0.05	0.06	0.07	0.08	0.09
0	0.500 0	0.504 0	0.508 0	0.512 0	0.516 0	0.519 9	0.523 9	0.527 9	0.531 9	0.535 9
0.1	0.539 8	0.543 8	0.547 8	0.551 7	0.555 7	0.559 6	0.563 6	0.567 5	0.571 4	0.575 3
0.2	0.579 3	0.583 2	0.587 1	0.591 0	0.594 8	0.598 7	0.602 6	0.606 4	0.610 3	0.614 1
0.3	0.617 9	0.621 7	0.625 5	0.629 3	0.633 1	0.636 8	0.640 4	0.644 3	0.648 0	0.651 7
0.4	0.655 4	0.659 1	0.662 8	0.666 4	0.670 0	0.673 6	0.677 2	0.680 8	0.684 4	0.687 9
0.5	0.691 5	0.695 0	0.698 5	0.701 9	0.705 4	0.708 8	0.712 3	0.715 7	0.719 0	0.722 4
0.6	0.725 7	0.729 1	0.732 4	0.735 7	0.738 9	0.742 2	0.745 4	0.748 6	0.751 7	0.754 9
0.7	0.758 0	0.761 1	0.764 2	0.767 3	0.770 3	0.773 4	0.776 4	0.779 4	0.782 3	0.785 2
0.8	0.788 1	0.791 0	0.793 9	0.796 7	0.799 5	0.802 3	0.802 3	0.807 8	0.810 6	0.813 3
0.9	0.815 9	0.818 6	0.821 2	0.823 8	0.826 4	0.828 9	0.835 5	0.834 0	0.836 5	0.838 9
1.0	0.841 3	0.843 8	0.846 1	0.848 5	0.850 8	0.853 1	0.855 4	0.857 7	0.859 9	0.862 1
1.1	0.864 3	0.866 5	0.868 6	0.870 8	0.872 9	0.874 9	0.877 0	0.879 0	0.881 0	0.883 0
1.2	0.884 9	0.886 9	0.888 8	0.890 7	0.892 5	0.894 4	0.896 2	0.898 0	0.899 7	0.901 5
1.3	0.903 2	0.904 9	0.906 6	0.908 2	0.909 9	0.911 5	0.913 1	0.914 7	0.916 2	0.917 7
1.4	0.919 2	0.920 7	0.922 2	0.923 6	0.925 1	0.926 5	0.927 9	0.929 2	0.930 6	0.931 9
1.5	0.933 2	0.934 5	0.935 7	0.937 0	0.938 2	0.939 4	0.940 6	0.941 8	0.943 0	0.944 1
1.6	0.945 2	0.946 3	0.947 4	0.948 4	0.949 5	0.950 5	0.951 5	0.952 5	0.953 5	0.953 5
1.7	0.955 4	0.956 4	0.957 3	0.958 2	0.959 1	0.959 9	0.960 8	0.961 6	0.962 5	0.963 3
1.8	0.964 1	0.964 8	0.965 6	0.966 4	0.967 2	0.967 8	0.968 6	0.969 3	0.970 0	0.970 6

x	0	0.01	0.02	0.03	0.04	0.05	0.06	0.07	0.08	0.09
1.9	0.971 3	0.971 9	0.972 6	0.973 2	0.973 8	0.974 4	0.975 0	0.975 6	0.976 2	0.976 7
2.0	0.977 2	0.977 8	0.978 3	0.978 8	0.979 3	0.979 8	0.980 3	0.980 8	0.981 2	0.981 7
2.1	0.982 1	0.982 6	0.983 0	0.983 4	0.983 8	0.984 2	0.984 6	0.985 0	0.985 4	0.985 7
2.2	0.986 1	0.986 4	0.986 8	0.987 1	0.987 4	0.987 8	0.988 1	0.988 4	0.988 7	0.989 0
2.3	0.989 3	0.989 6	0.989 8	0.990 1	0.990 4	0.990 6	0.990 9	0.991 1	0.991 3	0.991 6
2.4	0.991 8	0.992 0	0.992 2	0.992 5	0.992 7	0.992 9	0.993 1	0.993 2	0.993 4	0.993 6
2.5	0.993 8	0.994 0	0.994 1	0.994 3	0.994 5	0.994 6	0.994 8	0.994 9	0.995 1	0.995 2
2.6	0.995 3	0.995 5	0.995 6	0.995 7	0.995 9	0.996 0	0.996 1	0.996 2	0.996 3	0.996 4
2.7	0.996 5	0.996 6	0.996 7	0.996 8	0.996 9	0.997 0	0.997 1	0.997 2	0.997 3	0.997 4
2.8	0.997 4	0.997 5	0.997 6	0.997 7	0.997 7	0.997 8	0.997 9	0.997 9	0.998 0	0.998 1
2.9	0.998 1	0.998 2	0.998 2	0.998 3	0.998 4	0.998 4	0.998 5	0.998 5	0.998 6	0.998 6
3.0	0.998 7	0.999 0	0.999 3	0.999 5	0.999 7	0.999 8	0.999 8	0.999 9	0.999 9	1.000 0

附表 3　泊松分布表

$$P\{X \leqslant k\} = \sum_{i=0}^{k} \frac{\lambda^i}{i!} e^{-\lambda}$$

k \ λ	0.1	0.2	0.3	0.4	0.5	0.6	0.7	0.8	0.9	1.0	1.5	2.0	2.5	3.0
0	0.9048	0.8187	0.7408	0.6703	0.6065	0.5488	0.4966	0.4493	0.4066	0.3679	0.2231	0.1353	0.0821	0.0498
1	0.9953	0.9825	0.9631	0.9384	0.9098	0.8781	0.8442	0.8088	0.7725	0.7358	0.5578	0.4060	0.2873	0.1991
2	0.9998	0.9989	0.9964	0.9921	0.9856	0.9769	0.9659	0.9526	0.9371	0.9197	0.8088	0.6767	0.5438	0.4232
3	1.0000	0.9999	0.9997	0.9992	0.9982	0.9966	0.9942	0.9909	0.9865	0.9810	0.9344	0.8571	0.7576	0.6472
4		1.0000	1.0000	0.9999	0.9998	0.9996	0.9992	0.9986	0.9977	0.9963	0.9814	0.9473	0.8912	0.8153
5				1.0000	1.0000	1.0000	0.9999	0.9998	0.9997	0.9994	0.9955	0.9834	0.9580	0.9161
6							1.0000	1.0000	1.0000	0.9999	0.9991	0.9955	0.9858	0.9665
7										1.0000	0.9998	0.9989	0.9958	0.9881
8											1.0000	0.9998	0.9989	0.9962
9												1.0000	0.9997	0.9989
10													0.9999	0.9997
11													1.0000	0.9999
12														1.0000

k \ λ	3.5	4.0	4.5	5.0	5.5	6.0	6.5	7.0	7.5	8.0	8.5	9.0	9.5	10.0
0	0.0302	0.0183	0.0111	0.0067	0.0041	0.0025	0.0015	0.0009	0.0006	0.0003	0.0002	0.0001	0.0001	0.0000
1	0.1359	0.0916	0.0611	0.0404	0.0266	0.0174	0.0113	0.0073	0.0047	0.0030	0.0019	0.0012	0.0008	0.0005
2	0.3208	0.2381	0.1736	0.1247	0.0884	0.0620	0.0430	0.0296	0.0203	0.0138	0.0093	0.0062	0.0042	0.0028
3	0.5366	0.4335	0.3423	0.2650	0.2017	0.1512	0.1118	0.0818	0.0591	0.0424	0.0301	0.0212	0.0149	0.0103
4	0.7254	0.6288	0.5321	0.4405	0.3575	0.2851	0.2237	0.1730	0.1321	0.0996	0.0744	0.0550	0.0403	0.0293
5	0.8576	0.7851	0.7029	0.6160	0.5289	0.4457	0.3690	0.3007	0.2414	0.1912	0.1496	0.1157	0.0885	0.0671
6	0.9347	0.8893	0.8311	0.7622	0.6860	0.6063	0.5265	0.4497	0.3782	0.3134	0.2562	0.2068	0.1649	0.1301
7	0.9733	0.9489	0.9134	0.8666	0.8095	0.7440	0.6728	0.5987	0.5246	0.4530	0.3856	0.3239	0.2687	0.2202
8	0.9901	0.9786	0.9597	0.9319	0.8944	0.8472	0.7916	0.7291	0.6620	0.5925	0.5231	0.4557	0.3918	0.3328
9	0.9967	0.9919	0.9829	0.9682	0.9462	0.9161	0.8774	0.8305	0.7764	0.7166	0.6530	0.5874	0.5218	0.4579
10	0.9990	0.9972	0.9933	0.9863	0.9747	0.9574	0.9332	0.9015	0.8622	0.8159	0.7634	0.7060	0.6453	0.5830
11	0.9997	0.9991	0.9976	0.9945	0.9890	0.9799	0.9661	0.9467	0.9208	0.8881	0.8487	0.8030	0.7520	0.6968
12	0.9999	0.9997	0.9992	0.9980	0.9955	0.9912	0.9840	0.9730	0.9573	0.9362	0.9091	0.8758	0.8364	0.7916
13	1.0000	0.9999	0.9997	0.9993	0.9983	0.9964	0.9929	0.9872	0.9784	0.9658	0.9486	0.9261	0.8981	0.8645
14		1.0000	0.9999	0.9998	0.9994	0.9986	0.9970	0.9943	0.9897	0.9827	0.9726	0.9585	0.9400	0.9165
15			1.0000	0.9999	0.9998	0.9995	0.9988	0.9976	0.9954	0.9918	0.9862	0.9780	0.9665	0.9513
16				1.0000	0.9999	0.9998	0.9996	0.9990	0.9980	0.9963	0.9934	0.9889	0.9823	0.9730
17					1.0000	0.9999	0.9998	0.9996	0.9992	0.9984	0.9970	0.9947	0.9911	0.9857
18						1.0000	0.9999	0.9999	0.9997	0.9993	0.9987	0.9976	0.9957	0.9928
19							1.0000	1.0000	0.9999	0.9997	0.9995	0.9989	0.9980	0.9965
20									1.0000	0.9999	0.9998	0.9996	0.9991	0.9984
21										1.0000	0.9999	0.9998	0.9996	0.9993
22											1.0000	0.9999	0.9999	0.9997
23												1.0000	0.9999	0.9999

附表 4 χ^2 分布表

$$P\{\chi^2(n) > \chi^2_\alpha(n)\} = \alpha$$

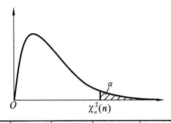

α / n	0.995	0.99	0.975	0.95	0.9	0.1	0.05	0.025	0.01	0.005
1	0.00004	0.00016	0.001	0.004	0.016	2.706	3.841	5.024	6.635	7.879
2	0.01	0.02	0.051	0.103	0.211	4.605	5.991	7.378	9.21	10.597
3	0.072	0.115	0.216	0.352	0.584	6.251	7.815	9.348	11.345	12.838
4	0.207	0.297	0.484	0.711	1.064	7.779	9.488	11.143	13.277	14.86
5	0.412	0.554	0.831	1.145	1.61	9.236	11.07	12.833	15.086	16.75
6	0.676	0.872	1.237	1.635	2.204	10.645	12.592	14.449	16.812	18.548
7	0.989	1.239	1.69	2.167	2.833	12.017	14.067	16.013	18.475	20.278
8	1.344	1.646	2.18	2.733	3.49	13.362	15.507	17.535	20.09	21.955
9	1.735	2.088	2.7	3.325	4.168	14.684	16.919	19.023	21.666	23.589
10	2.156	2.558	3.247	3.94	4.865	15.987	18.307	20.483	23.209	25.188
11	2.603	3.053	3.816	4.575	5.578	17.275	19.675	21.92	24.725	26.757
12	3.074	3.571	4.404	5.226	6.304	18.549	21.026	23.337	26.217	28.3
13	3.565	4.107	5.009	5.892	7.042	19.812	22.362	24.736	27.688	29.819
14	4.075	4.66	5.629	6.571	7.79	21.064	23.685	26.119	29.141	31.319
15	4.601	5.229	6.262	7.261	8.547	22.307	24.996	27.488	30.578	32.801
16	5.142	5.812	6.908	7.962	9.312	23.542	26.296	28.845	32	34.267
17	5.697	6.408	7.564	8.672	10.085	24.769	27.587	30.191	33.409	35.718
18	6.265	7.015	8.231	9.390	10.865	25.989	28.869	31.526	34.805	37.156
19	6.844	7.633	8.907	10.117	11.651	27.204	30.144	32.852	36.191	38.582

α \ n	0.995	0.99	0.975	0.95	0.9	0.1	0.05	0.025	0.01	0.005
20	7.434	8.260	9.591	10.851	12.443	28.412	31.41	34.17	37.566	39.997
21	8.034	8.897	10.283	11.591	13.240	29.615	32.671	35.479	38.932	41.401
22	8.643	9.542	10.982	12.338	14.042	30.813	33.924	36.781	40.289	42.796
23	9.260	10.196	11.689	13.091	14.848	32.007	35.172	38.076	41.638	44.181
24	9.886	10.856	12.401	13.848	15.659	33.196	36.415	39.364	42.98	45.559
25	10.520	11.524	13.120	14.611	16.473	34.382	37.652	40.646	44.314	46.928
26	11.160	12.198	13.844	15.379	17.292	35.563	38.885	41.923	45.642	48.29
27	11.808	12.879	14.573	16.151	18.114	36.741	40.113	43.195	46.963	49.645
28	12.461	13.565	15.308	16.928	18.939	37.916	41.337	44.461	48.278	50.993
29	13.121	14.256	16.047	17.708	19.768	39.087	42.557	45.722	49.588	52.336
30	13.787	14.953	16.791	18.493	20.599	40.256	43.773	46.979	50.892	53.672
31	14.458	15.655	17.539	19.281	21.434	41.422	44.985	48.232	52.191	55.003
32	15.134	16.362	18.291	20.072	22.271	42.585	46.194	49.48	53.486	56.328
33	15.815	17.074	19.047	20.867	23.110	43.745	47.4	50.725	54.776	57.648
34	16.501	17.789	19.806	21.664	23.952	44.903	48.602	51.966	56.061	58.964
35	17.192	18.509	20.569	22.465	24.797	46.059	49.802	53.203	57.342	60.275
36	17.887	19.233	21.336	23.269	25.643	47.212	50.998	54.437	58.619	61.581
37	18.586	19.960	22.106	24.075	26.492	48.363	52.192	55.668	59.893	62.883
38	19.289	20.691	22.878	24.884	27.343	49.513	53.384	56.896	61.162	64.181
39	19.996	21.426	23.654	25.695	28.196	50.66	54.572	58.12	62.428	65.476
40	20.707	22.164	24.433	26.509	29.051	51.805	55.758	59.342	63.691	66.766

当 $n > 40$ 时，$\chi_a^2(n) \approx \dfrac{1}{2}(z_a + \sqrt{2n-1})^2$.

附表 5　t 分布表

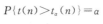

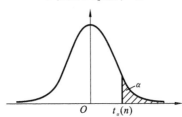

n \ α	0.25	0.10	0.05	0.025	0.01	0.005
1	1.0000	3.0777	6.3188	12.7062	31.8207	63.6574
2	0.8165	1.8856	2.9200	4.3027	6.9646	9.9248
3	0.7649	1.6377	2.3534	3.1824	4.5407	5.8409
4	0.7407	1.5332	2.1318	2.7764	3.7469	4.6041
5	0.7267	1.4759	2.0150	2.5706	3.3649	4.0322
6	0.7176	1.4398	1.9432	2.4469	3.1427	3.7074
7	0.7111	1.4149	1.8946	2.3646	2.9980	3.4995
8	0.7064	1.3830	1.8595	2.3060	2.8965	3.3554
9	0.7027	1.3830	1.8331	2.2622	2.8214	3.2498
10	0.6998	1.3722	1.8125	2.2281	2.7638	3.1693
11	0.6974	1.3634	1.7959	2.2010	2.7181	3.1058
12	0.6955	1.3562	1.7823	2.1788	2.6810	3.0545
13	0.6938	1.3502	1.7709	2.1604	2.6503	3.0123
14	0.6924	1.3450	1.7613	2.1448	2.6245	2.9768
15	0.6912	1.3406	1.7531	2.1315	2.6025	2.9467
16	0.6901	1.3368	1.7459	2.1199	2.5835	2.9208
17	0.6892	1.3334	1.7396	2.1098	2.5669	2.8982
18	0.6884	1.3304	1.7341	2.1009	2.5524	2.8784
19	0.6876	1.3277	1.7291	2.0930	2.5395	2.8609

n \ α	0.25	0.10	0.05	0.025	0.01	0.005
20	0.6870	1.3253	1.7247	2.0860	2.5280	2.8453
21	0.6864	1.3232	1.7207	2.0796	2.5177	2.8314
22	0.6858	1.3212	1.7171	2.0739	2.5083	2.8188
23	0.6853	1.3195	1.7139	2.0687	2.4999	2.8073
24	0.6848	1.3178	1.7109	2.0639	2.4922	2.7969
25	0.6844	1.3163	1.7081	2.0595	2.4851	2.7874
26	0.6840	1.3150	1.7056	2.0555	2.4786	2.7787
27	0.6837	1.3137	1.7033	2.0518	2.4727	2.7707
28	0.6834	1.3125	1.7011	2.0484	2.4671	2.7633
29	0.6830	1.3114	1.6991	2.0452	2.4620	2.7564
30	0.6828	1.3104	1.6973	2.0423	2.4573	2.7500
31	0.6825	1.3095	1.6955	2.0395	2.4528	2.7440
32	0.6822	1.3086	1.6939	2.0369	2.4487	2.7385
33	0.6820	1.3077	1.6924	2.0345	2.4448	2.7333
34	0.6818	1.3070	1.6909	2.0322	2.4411	2.7284
35	0.6816	1.3062	1.6896	2.0301	2.4377	2.7238
36	0.6814	1.3055	1.6883	2.0281	2.4345	2.7195
37	0.6812	1.3049	1.6871	2.0262	2.4314	2.7154
38	0.6810	1.3042	1.6860	2.0244	2.4286	2.7116
39	0.6808	1.3036	1.6849	2.0227	2.4258	2.7079
40	0.6807	1.3031	1.6839	2.0211	2.4233	2.7045
41	0.6805	1.3025	1.6829	2.0195	2.4208	2.7012
42	0.6804	1.3020	1.6820	2.0181	2.4185	2.6981
43	0.6802	1.3016	1.6811	2.0167	2.4163	2.6951
44	0.6801	1.3011	1.6802	2.0154	2.4141	2.6923
45	0.6800	1.3006	1.6794	2.0141	2.4121	2.6896

附表 6 F 分布表

$$P\{F(n_1, n_2) > F_\alpha(n_1, n_2)\} = \alpha$$

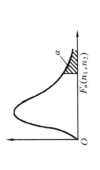

$\alpha = 0.10$

n_2 \ n_1	1	2	3	4	5	6	7	8	9	10	12	15	20	24	30	40	60	120	∞
1	39.86	49.50	53.59	55.83	57.24	58.20	58.91	59.44	59.86	60.19	60.71	61.22	61.74	62.00	62.26	62.53	62.79	63.06	63.33
2	8.53	9.00	9.16	9.24	9.29	9.33	9.35	9.37	9.38	9.39	9.41	9.42	9.44	9.45	9.46	9.47	9.47	9.48	9.49
3	5.54	5.46	5.39	5.34	5.31	5.28	5.27	5.25	5.24	5.23	5.22	5.20	5.18	5.18	5.17	5.16	5.15	5.14	5.13
4	4.54	4.32	4.19	4.11	4.05	4.01	3.98	3.95	3.94	3.92	3.90	3.87	3.84	3.83	3.82	3.80	3.79	3.78	3.76
5	4.06	3.78	3.62	3.52	3.45	3.40	3.37	3.34	3.32	3.30	3.27	3.24	3.21	3.19	3.17	3.16	3.14	3.12	3.10
6	3.78	3.46	3.29	3.18	3.11	3.05	3.01	2.98	2.96	2.94	2.90	2.87	2.84	2.82	2.80	2.78	2.76	2.74	2.72
7	3.59	3.26	3.07	2.96	2.88	2.83	2.78	2.75	2.72	2.70	2.67	2.63	2.59	2.58	2.56	2.54	2.51	2.49	2.47
8	3.46	3.11	2.92	2.81	2.73	2.67	2.62	2.59	2.56	2.54	2.50	2.46	2.42	2.40	2.38	2.36	2.34	2.32	2.29
9	3.36	3.01	2.81	2.69	2.61	2.55	2.51	2.47	2.44	2.42	2.38	2.34	2.30	2.28	2.25	2.23	2.21	2.18	2.16
10	3.29	2.92	2.73	2.61	2.52	2.46	2.41	2.38	2.35	2.32	2.28	2.24	2.20	2.18	2.16	2.13	2.11	2.08	2.06
11	3.23	2.86	2.66	2.54	2.45	2.39	2.34	2.30	2.27	2.25	2.21	2.17	2.12	2.10	2.08	2.05	2.03	2.00	1.97
12	3.18	2.81	2.61	2.48	2.39	2.33	2.28	2.24	2.21	2.19	2.15	2.10	2.06	2.04	2.01	1.99	1.96	1.93	1.90
13	3.14	2.76	2.56	2.43	2.35	2.28	2.23	2.20	2.16	2.14	2.10	2.05	2.01	1.98	1.96	1.93	1.90	1.88	1.85
14	3.10	2.73	2.52	2.39	2.31	2.24	2.19	2.15	2.12	2.10	2.05	2.01	1.96	1.94	1.91	1.89	1.86	1.83	1.80

续表

$\alpha=0.10$

n_1 \ n_2	1	2	3	4	5	6	7	8	9	10	12	15	20	24	30	40	60	120	∞
15	3.07	2.70	2.49	2.36	2.27	2.21	2.16	2.12	2.09	2.06	2.02	1.97	1.92	1.90	1.87	1.85	1.82	1.79	1.76
16	3.05	2.67	2.46	2.33	2.24	2.18	2.13	2.09	2.06	2.03	1.99	1.94	1.89	1.87	1.84	1.81	1.78	1.75	1.72
17	3.03	2.64	2.44	2.31	2.22	2.15	2.10	2.06	2.03	2.00	1.96	1.91	1.86	1.84	1.81	1.78	1.75	1.72	1.69
18	3.01	2.62	2.42	2.29	2.20	2.13	2.08	2.04	2.00	1.98	1.93	1.89	1.84	1.81	1.78	1.75	1.72	1.69	1.66
19	2.99	2.61	2.40	2.27	2.18	2.11	2.06	2.02	1.98	1.96	1.91	1.86	1.81	1.79	1.76	1.73	1.70	1.67	1.63
20	2.97	2.59	2.38	2.25	2.16	2.09	2.04	2.00	1.96	1.94	1.89	1.84	1.79	1.77	1.74	1.71	1.68	1.64	1.61
21	2.96	2.57	2.36	2.23	2.14	2.08	2.02	1.98	1.95	1.92	1.87	1.83	1.78	1.75	1.72	1.69	1.66	1.62	1.59
22	2.95	2.56	2.35	2.22	2.13	2.06	2.01	1.97	1.93	1.90	1.86	1.81	1.76	1.73	1.70	1.67	1.64	1.60	1.57
23	2.94	2.55	2.34	2.21	2.11	2.05	1.99	1.95	1.92	1.89	1.84	1.80	1.74	1.72	1.69	1.66	1.62	1.59	1.55
24	2.93	2.54	2.33	2.19	2.10	2.04	1.98	1.94	1.91	1.88	1.83	1.78	1.73	1.70	1.67	1.64	1.61	1.57	1.53
25	2.92	2.53	2.32	2.18	2.09	2.02	1.97	1.93	1.89	1.87	1.82	1.77	1.72	1.69	1.66	1.63	1.59	1.56	1.52
26	2.91	2.52	2.31	2.17	2.08	2.01	1.96	1.92	1.88	1.86	1.81	1.76	1.71	1.68	1.65	1.61	1.58	1.54	1.50
27	2.90	2.51	2.30	2.17	2.07	2.00	1.95	1.91	1.87	1.85	1.80	1.75	1.70	1.67	1.64	1.60	1.57	1.53	1.49
28	2.89	2.50	2.29	2.16	2.06	2.00	1.94	1.90	1.87	1.84	1.79	1.74	1.69	1.66	1.63	1.59	1.56	1.52	1.48
29	2.89	2.50	2.28	2.15	2.06	1.99	1.93	1.89	1.86	1.83	1.78	1.73	1.68	1.65	1.62	1.58	1.55	1.51	1.47
30	2.88	2.49	2.28	2.14	2.05	1.98	1.93	1.88	1.85	1.82	1.77	1.72	1.67	1.64	1.61	1.57	1.54	1.50	1.46
40	2.84	2.44	2.23	2.09	2.00	1.93	1.87	1.83	1.79	1.76	1.71	1.66	1.61	1.57	1.54	1.51	1.47	1.42	1.38
60	2.79	2.39	2.18	2.04	1.95	1.87	1.82	1.77	1.74	1.71	1.66	1.60	1.54	1.51	1.48	1.44	1.40	1.35	1.29
120	2.75	2.35	2.13	1.99	1.90	1.82	1.77	1.72	1.68	1.65	1.60	1.55	1.48	1.45	1.41	1.37	1.32	1.26	1.19
∞	2.71	2.30	2.08	1.94	1.85	1.77	1.72	1.67	1.63	1.60	1.55	1.49	1.42	1.38	1.34	1.30	1.24	1.17	1.00

续表

α＝0.05

n_1 n_2	1	2	3	4	5	6	7	8	9	10	12	15	20	24	30	40	60	120	∞
1	161.4	199.5	215.7	224.6	230.2	234.0	236.8	238.9	240.5	241.9	243.9	245.9	248.0	249.1	250.1	251.1	252.2	253.3	254.3
2	18.51	19.00	19.16	19.25	19.30	19.33	19.35	19.37	19.38	19.40	19.41	19.43	19.45	19.45	19.46	19.47	19.48	19.49	19.50
3	10.13	9.55	9.28	9.12	9.01	8.94	8.89	8.85	8.81	8.79	8.74	8.70	8.66	8.64	8.62	8.59	8.57	8.55	8.53
4	7.71	6.94	6.59	6.39	6.26	6.16	6.09	6.04	6.00	5.96	5.91	5.86	5.80	5.77	5.75	5.72	5.69	5.66	5.63
5	6.61	5.79	5.41	5.19	5.05	4.95	4.88	4.82	4.77	4.74	4.68	4.62	4.56	4.53	4.50	4.46	4.43	4.40	4.36
6	5.99	5.14	4.76	4.53	4.39	4.28	4.21	4.15	4.10	4.06	4.00	3.94	3.87	3.84	3.81	3.77	3.74	3.70	3.67
7	5.59	4.74	4.35	4.12	3.97	3.87	3.79	3.73	3.68	3.64	3.57	3.51	3.44	3.41	3.38	3.34	3.30	3.27	3.23
8	5.32	4.46	4.07	3.84	3.69	3.58	3.50	3.44	3.39	3.35	3.28	3.22	3.15	3.12	3.08	3.04	3.01	2.97	2.93
9	5.12	4.26	3.86	3.63	3.48	3.37	3.29	3.23	3.18	3.14	3.07	3.01	2.94	2.90	2.86	2.83	2.79	2.75	2.71
10	4.96	4.10	3.71	3.48	3.33	3.22	3.14	3.07	3.02	2.98	2.91	2.85	2.77	2.74	2.70	2.66	2.62	2.58	2.54
11	4.84	3.98	3.59	3.36	3.20	3.09	3.01	2.95	2.90	2.85	2.79	2.72	2.65	2.61	2.57	2.53	2.49	2.45	2.40
12	4.75	3.89	3.49	3.26	3.11	3.00	2.91	2.85	2.80	2.75	2.69	2.62	2.54	2.51	2.47	2.43	2.38	2.34	2.30
13	4.67	3.81	3.41	3.18	3.03	2.92	2.83	2.77	2.71	2.67	2.60	2.53	2.46	2.42	2.38	2.34	2.30	2.25	2.21
14	4.60	3.74	3.34	3.11	2.96	2.85	2.76	2.70	2.65	2.60	2.53	2.46	2.39	2.35	2.31	2.27	2.22	2.18	2.13
15	4.54	3.68	3.29	3.06	2.90	2.79	2.71	2.64	2.59	2.54	2.48	2.40	2.33	2.29	2.25	2.20	2.16	2.11	2.07
16	4.49	3.63	3.24	3.01	2.85	2.74	2.66	2.59	2.54	2.49	2.42	2.35	2.28	2.24	2.19	2.15	2.11	2.06	2.01
17	4.45	3.59	3.20	2.96	2.81	2.70	2.61	2.55	2.49	2.45	2.38	2.31	2.23	2.19	2.15	2.10	2.06	2.01	1.96
18	4.41	3.55	3.16	2.93	2.77	2.66	2.58	2.51	2.46	2.41	2.34	2.27	2.19	2.15	2.11	2.06	2.02	1.97	1.92
19	4.38	3.52	3.13	2.90	2.74	2.63	2.54	2.48	2.42	2.38	2.31	2.23	2.16	2.11	2.07	2.03	1.98	1.93	1.88

续表

$\alpha=0.05$

n_1 $\backslash$ n_2	1	2	3	4	5	6	7	8	9	10	12	15	20	24	30	40	60	120	∞
20	4.35	3.49	3.10	2.87	2.71	2.60	2.51	2.45	2.39	2.35	2.28	2.20	2.12	2.08	2.04	1.99	1.95	1.90	1.84
21	4.32	3.47	3.07	2.84	2.68	2.57	2.49	2.42	2.37	2.32	2.25	2.18	2.10	2.05	2.01	1.96	1.92	1.87	1.81
22	4.30	3.44	3.05	2.82	2.66	2.55	2.46	2.40	2.34	2.30	2.23	2.15	2.07	2.03	1.98	1.94	1.89	1.84	1.78
23	4.28	3.42	3.03	2.80	2.64	2.53	2.44	2.37	2.32	2.27	2.20	2.13	2.05	2.01	1.96	1.91	1.86	1.81	1.76
24	4.26	3.40	3.01	2.78	2.62	2.51	2.42	2.36	2.30	2.25	2.18	2.11	2.03	1.98	1.94	1.89	1.84	1.79	1.73
25	4.24	3.39	2.99	2.76	2.60	2.49	2.40	2.34	2.28	2.24	2.16	2.09	2.01	1.96	1.92	1.87	1.82	1.77	1.71
26	4.23	3.37	2.98	2.74	2.59	2.47	2.39	2.32	2.27	2.22	2.15	2.07	1.99	1.95	1.90	1.85	1.80	1.75	1.69
27	4.21	3.35	2.96	2.73	2.57	2.46	2.37	2.31	2.25	2.20	2.13	2.06	1.97	1.93	1.88	1.84	1.79	1.73	1.67
28	4.20	3.34	2.95	2.71	2.56	2.45	2.36	2.29	2.24	2.19	2.12	2.04	1.96	1.91	1.87	1.82	1.77	1.71	1.65
29	4.18	3.33	2.93	2.70	2.55	2.43	2.35	2.28	2.22	2.18	2.10	2.03	1.94	1.90	1.85	1.81	1.75	1.70	1.64
30	4.17	3.32	2.92	2.69	2.53	2.42	2.33	2.27	2.21	2.16	2.09	2.01	1.93	1.89	1.84	1.79	1.74	1.68	1.62
40	4.08	3.23	2.84	2.61	2.45	2.34	2.25	2.18	2.12	2.08	2.00	1.92	1.84	1.79	1.74	1.69	1.64	1.58	1.51
60	4.00	3.15	2.76	2.53	2.37	2.25	2.17	2.10	2.04	1.99	1.92	1.84	1.75	1.70	1.65	1.59	1.53	1.47	1.39
120	3.92	3.07	2.68	2.45	2.29	2.17	2.09	2.02	1.96	1.91	1.83	1.75	1.66	1.61	1.55	1.50	1.43	1.35	1.25
∞	3.84	3.00	2.60	2.37	2.21	2.10	2.01	1.94	1.88	1.83	1.75	1.67	1.57	1.52	1.46	1.39	1.32	1.22	1.00

续表

$\alpha=0.025$

n_2 \ n_1	1	2	3	4	5	6	7	8	9	10	12	15	20	24	30	40	60	120	∞
1	647.8	799.5	864.2	899.6	921.8	937.1	948.2	956.7	963.3	968.6	976.7	984.9	993.1	997.2	1001	1006	1010	1014	1018
2	38.51	39.00	39.17	39.25	39.30	39.33	39.36	39.37	39.39	39.40	39.41	39.43	39.45	39.46	39.46	39.47	39.48	39.49	39.50
3	17.44	16.04	15.44	15.10	14.88	14.73	14.62	14.54	14.47	14.42	14.34	14.25	14.17	14.12	14.08	14.04	13.99	13.95	13.90
4	12.22	10.65	9.98	9.60	9.36	9.20	9.07	8.98	8.90	8.84	8.75	8.66	8.56	8.51	8.46	8.41	8.36	8.31	8.26
5	10.01	8.43	7.76	7.39	7.15	6.98	6.85	6.76	6.68	6.62	6.52	6.43	6.33	6.28	6.23	6.18	6.12	6.07	6.02
6	8.81	7.26	6.60	6.23	5.99	5.82	5.70	5.60	5.52	5.46	5.37	5.27	5.17	5.12	5.07	5.01	4.96	4.90	4.85
7	8.07	6.54	5.89	5.52	5.29	5.12	4.99	4.90	4.82	4.76	4.67	4.57	4.47	4.42	4.36	4.31	4.25	4.20	4.14
8	7.57	6.06	5.42	5.05	4.82	4.65	4.53	4.43	4.36	4.30	4.20	4.10	4.00	3.95	3.89	3.84	3.78	3.73	3.67
9	7.21	5.71	5.08	4.72	4.48	4.32	4.20	4.10	4.03	3.96	3.87	3.77	3.67	3.61	3.56	3.51	3.45	3.39	3.33
10	6.94	5.46	4.83	4.47	4.24	4.07	3.95	3.85	3.78	3.72	3.62	3.52	3.42	3.37	3.31	3.26	3.20	3.14	3.08
11	6.72	5.26	4.63	4.28	4.04	3.88	3.76	3.66	3.59	3.53	3.43	3.33	3.23	3.17	3.12	3.06	3.00	2.94	2.88
12	6.55	5.10	4.47	4.12	3.89	3.73	3.61	3.51	3.44	3.37	3.28	3.18	3.07	3.02	2.96	2.91	2.85	2.79	2.72
13	6.41	4.97	4.35	4.00	3.77	3.60	3.48	3.39	3.31	3.25	3.15	3.05	2.95	2.89	2.84	2.78	2.72	2.66	2.60
14	6.30	4.86	4.24	3.89	3.66	3.50	3.38	3.29	3.21	3.15	3.05	2.95	2.84	2.79	2.73	2.67	2.61	2.55	2.49
15	6.20	4.77	4.15	3.80	3.58	3.41	3.29	3.20	3.12	3.06	2.96	2.86	2.76	2.70	2.64	2.59	2.52	2.46	2.40
16	6.12	4.69	4.08	3.73	3.50	3.34	3.22	3.12	3.05	2.99	2.89	2.79	2.68	2.63	2.57	2.51	2.45	2.38	2.32
17	6.04	4.62	4.01	3.66	3.44	3.28	3.16	3.06	2.98	2.92	2.82	2.72	2.62	2.56	2.50	2.44	2.38	2.32	2.25
18	5.98	4.56	3.95	3.61	3.38	3.22	3.10	3.01	2.93	2.87	2.77	2.67	2.56	2.50	2.44	2.38	2.32	2.26	2.19
19	5.92	4.51	3.90	3.56	3.33	3.17	3.05	2.96	2.88	2.82	2.72	2.62	2.51	2.45	2.39	2.33	2.27	2.20	2.13

续表

α=0.025

n_2＼n_1	1	2	3	4	5	6	7	8	9	10	12	15	20	24	30	40	60	120	∞
20	5.87	4.46	3.86	3.51	3.29	3.13	3.01	2.91	2.84	2.77	2.68	2.57	2.46	2.41	2.35	2.29	2.22	2.16	2.09
21	5.83	4.42	3.82	3.48	3.25	3.09	2.97	2.87	2.80	2.73	2.64	2.53	2.42	2.37	2.31	2.25	2.18	2.11	2.04
22	5.79	4.38	3.78	3.44	3.22	3.05	2.93	2.84	2.76	2.70	2.60	2.50	2.39	2.33	2.27	2.21	2.14	2.08	2.00
23	5.75	4.35	3.75	3.41	3.18	3.02	2.90	2.81	2.73	2.67	2.57	2.47	2.36	2.30	2.24	2.18	2.11	2.04	1.97
24	5.72	4.32	3.72	3.38	3.15	2.99	2.87	2.78	2.70	2.64	2.54	2.44	2.33	2.27	2.21	2.15	2.08	2.01	1.94
25	5.69	4.29	3.69	3.35	3.13	2.97	2.85	2.75	2.68	2.61	2.51	2.41	2.30	2.24	2.18	2.12	2.05	1.98	1.91
26	5.66	4.27	3.67	3.33	3.10	2.94	2.82	2.73	2.65	2.59	2.49	2.39	2.28	2.22	2.16	2.09	2.03	1.95	1.88
27	5.63	4.24	3.65	3.31	3.08	2.92	2.80	2.71	2.63	2.57	2.47	2.36	2.25	2.19	2.13	2.07	2.00	1.93	1.85
28	5.61	4.22	3.63	3.29	3.06	2.90	2.78	2.69	2.61	2.55	2.45	2.34	2.23	2.17	2.11	2.05	1.98	1.91	1.83
29	5.59	4.20	3.61	3.27	3.04	2.88	2.76	2.67	2.59	2.53	2.43	2.32	2.21	2.15	2.09	2.03	1.96	1.89	1.81
30	5.57	4.18	3.59	3.25	3.03	2.87	2.75	2.65	2.57	2.51	2.41	2.31	2.20	2.14	2.07	2.01	1.94	1.87	1.79
40	5.42	4.05	3.46	3.13	2.90	2.74	2.62	2.53	2.45	2.39	2.29	2.18	2.07	2.01	1.94	1.88	1.80	1.72	1.64
60	5.29	3.93	3.34	3.01	2.79	2.63	2.51	2.41	2.33	2.27	2.17	2.06	1.94	1.88	1.82	1.74	1.67	1.58	1.48
120	5.15	3.80	3.23	2.89	2.67	2.52	2.39	2.30	2.22	2.16	2.05	1.94	1.82	1.76	1.69	1.61	1.53	1.43	1.31
∞	5.02	3.69	3.12	2.79	2.57	2.41	2.29	2.19	2.11	2.05	1.94	1.83	1.71	1.64	1.57	1.48	1.39	1.27	1.00

续表

$\alpha=0.01$

n_2 \ n_1	1	2	3	4	5	6	7	8	9	10	12	15	20	24	30	40	60	120	∞
1	4052	5000	5403	5625	5764	5859	5928	5982	6022	6056	6106	6157	6209	6235	6261	6287	6313	6339	6366
2	98.50	99.00	99.17	99.25	99.30	99.33	99.36	99.37	99.39	99.40	99.42	99.43	99.45	99.46	99.47	99.47	99.48	99.49	99.50
3	34.12	30.82	29.46	28.71	28.24	27.91	27.67	27.49	27.35	27.23	27.05	26.87	26.69	26.60	26.50	26.41	26.32	26.22	26.13
4	21.20	18.00	16.69	15.98	15.52	15.21	14.98	14.80	14.66	14.55	14.37	14.20	14.02	13.93	13.84	13.75	13.65	13.56	13.46
5	16.26	13.27	12.06	11.39	10.97	10.67	10.46	10.29	10.16	10.05	9.89	9.72	9.55	9.47	9.38	9.29	9.20	9.11	9.02
6	13.75	10.93	9.78	9.15	8.75	8.47	8.26	8.10	7.98	7.87	7.72	7.56	7.40	7.31	7.23	7.14	7.06	6.97	6.88
7	12.25	9.55	8.45	7.85	7.46	7.19	6.99	6.84	6.72	6.62	6.47	6.31	6.16	6.07	5.99	5.91	5.82	5.74	5.65
8	11.26	8.65	7.59	7.01	6.63	6.37	6.18	6.03	5.91	5.81	5.67	5.52	5.36	5.28	5.20	5.12	5.03	4.95	4.86
9	10.56	8.02	6.99	6.42	6.06	5.80	5.61	5.47	5.35	5.26	5.11	4.96	4.81	4.73	4.65	4.57	4.48	4.40	4.31
10	10.04	7.56	6.55	5.99	5.64	5.39	5.20	5.06	4.94	4.85	4.71	4.56	4.41	4.33	4.25	4.17	4.08	4.00	3.91
11	9.65	7.21	6.22	5.67	5.32	5.07	4.89	4.74	4.63	4.54	4.40	4.25	4.10	4.02	3.94	3.86	3.78	3.69	3.60
12	9.33	6.93	5.95	5.41	5.06	4.82	4.64	4.50	4.39	4.30	4.16	4.01	3.86	3.78	3.70	3.62	3.54	3.45	3.36
13	9.07	6.70	5.74	5.21	4.86	4.62	4.44	4.30	4.19	4.10	3.96	3.82	3.66	3.59	3.51	3.43	3.34	3.25	3.17
14	8.86	6.51	5.56	5.04	4.69	4.46	4.28	4.14	4.03	3.94	3.80	3.66	3.51	3.43	3.35	3.27	3.18	3.09	3.00
15	8.68	6.36	5.42	4.89	4.56	4.32	4.14	4.00	3.89	3.80	3.67	3.52	3.37	3.29	3.21	3.13	3.05	2.96	2.87
16	8.53	6.23	5.29	4.77	4.44	4.20	4.03	3.89	3.78	3.69	3.55	3.41	3.26	3.18	3.10	3.02	2.93	2.84	2.75
17	8.40	6.11	5.18	4.67	4.34	4.10	3.93	3.79	3.68	3.59	3.46	3.31	3.16	3.08	3.00	2.92	2.83	2.75	2.65
18	8.29	6.01	5.09	4.58	4.25	4.01	3.84	3.71	3.60	3.51	3.37	3.23	3.08	3.00	2.92	2.84	2.75	2.66	2.57
19	8.18	5.93	5.01	4.50	4.17	3.94	3.77	3.63	3.52	3.43	3.30	3.15	3.00	2.92	2.84	2.76	2.67	2.58	2.49

续表

$\alpha=0.01$

n_1 \ n_2	1	2	3	4	5	6	7	8	9	10	12	15	20	24	30	40	60	120	∞
20	8.10	5.85	4.94	4.43	4.10	3.87	3.70	3.56	3.46	3.37	3.23	3.09	2.94	2.86	2.78	2.69	2.61	2.52	2.42
21	8.02	5.78	4.87	4.37	4.04	3.81	3.64	3.51	3.40	3.31	3.17	3.03	2.88	2.80	2.72	2.64	2.55	2.46	2.36
22	7.95	5.72	4.82	4.31	3.99	3.76	3.59	3.45	3.35	3.26	3.12	2.98	2.83	2.75	2.67	2.58	2.50	2.40	2.31
23	7.88	5.66	4.76	4.26	3.94	3.71	3.54	3.41	3.30	3.21	3.07	2.93	2.78	2.70	2.62	2.54	2.45	2.35	2.26
24	7.82	5.61	4.72	4.22	3.90	3.67	3.50	3.36	3.26	3.17	3.03	2.89	2.74	2.66	2.58	2.49	2.40	2.31	2.21
25	7.77	5.57	4.68	4.18	3.85	3.63	3.46	3.32	3.22	3.13	2.99	2.85	2.70	2.62	2.54	2.45	2.36	2.27	2.17
26	7.72	5.53	4.64	4.14	3.82	3.59	3.42	3.29	3.18	3.09	2.96	2.81	2.66	2.58	2.50	2.42	2.33	2.23	2.13
27	7.68	5.49	4.60	4.11	3.78	3.56	3.39	3.26	3.15	3.06	2.93	2.78	2.63	2.55	2.47	2.38	2.29	2.20	2.10
28	7.64	5.45	4.57	4.07	3.75	3.53	3.36	3.23	3.12	3.03	2.90	2.75	2.60	2.52	2.44	2.35	2.26	2.17	2.06
29	7.60	5.42	4.54	4.04	3.73	3.50	3.33	3.20	3.09	3.00	2.87	2.73	2.57	2.49	2.41	2.33	2.23	2.14	2.03
30	7.56	5.39	4.51	4.02	3.70	3.47	3.30	3.17	3.07	2.98	2.84	2.70	2.55	2.47	2.39	2.30	2.21	2.11	2.01
40	7.31	5.18	4.31	3.83	3.51	3.29	3.12	2.99	2.89	2.80	2.66	2.52	2.37	2.29	2.20	2.11	2.02	1.92	1.80
60	7.08	4.98	4.13	3.65	3.34	3.12	2.95	2.82	2.72	2.63	2.50	2.35	2.20	2.12	2.03	1.94	1.84	1.73	1.60
120	6.85	4.79	3.95	3.48	3.17	2.96	2.79	2.66	2.56	2.47	2.34	2.19	2.03	1.95	1.86	1.76	1.66	1.53	1.38
∞	6.63	4.61	3.78	3.32	3.02	2.80	2.64	2.51	2.41	2.32	2.18	2.04	1.88	1.79	1.70	1.59	1.47	1.32	1.00

续表

$\alpha＝0.005$

n_1 n_2	1	2	3	4	5	6	7	8	9	10	12	15	20	24	30	40	60	120	∞
1	16211	20000	21615	22500	23056	23437	23715	23925	24091	24224	24426	24630	24836	24940	25044	25148	25253	25359	25465
2	198.5	199.0	199.2	199.2	199.3	199.3	199.4	199.4	199.4	199.4	199.4	199.4	199.4	199.5	199.5	199.5	199.5	199.5	199.5
3	55.55	49.80	47.47	46.19	45.39	44.84	44.43	44.13	43.88	43.69	43.39	43.08	42.78	42.62	42.47	42.31	42.15	41.99	41.83
4	31.33	26.28	24.26	23.15	22.46	21.97	21.62	21.35	21.14	20.97	20.70	20.44	20.17	20.03	19.89	19.75	19.61	19.47	19.32
5	22.78	18.31	16.53	15.56	14.94	14.51	14.20	13.96	13.77	13.62	13.38	13.15	12.90	12.78	12.66	12.53	12.40	12.27	12.14
6	18.63	14.54	12.92	12.03	11.46	11.07	10.79	10.57	10.39	10.25	10.03	9.81	9.59	9.47	9.36	9.24	9.12	9.00	8.88
7	16.24	12.40	10.88	10.05	9.52	9.16	8.89	8.68	8.51	8.38	8.18	7.97	7.75	7.65	7.53	7.42	7.31	7.19	7.08
8	14.69	11.04	9.60	8.81	8.30	7.95	7.69	7.50	7.34	7.21	7.01	6.81	6.61	6.50	6.40	6.29	6.18	6.06	5.95
9	13.61	10.11	8.72	7.96	7.47	7.13	6.88	6.69	6.54	6.42	6.23	6.03	5.83	5.73	5.62	5.52	5.41	5.30	5.19
10	12.83	9.43	8.08	7.34	6.87	6.54	6.30	6.12	5.97	5.85	5.66	5.47	5.27	5.17	5.07	4.97	4.86	4.75	4.64
11	12.23	8.91	7.60	6.88	6.42	6.10	5.86	5.68	5.54	5.42	5.24	5.05	4.86	4.76	4.65	4.55	4.44	4.34	4.23
12	11.75	8.51	7.23	6.52	6.07	5.76	5.52	5.35	5.20	5.09	4.91	4.72	4.53	4.43	4.33	4.23	4.12	4.01	3.90
13	11.37	8.19	6.93	6.23	5.79	5.48	5.25	5.08	4.94	4.82	4.64	4.46	4.27	4.17	4.07	3.97	3.87	3.76	3.65
14	11.06	7.92	6.68	6.00	5.56	5.26	5.03	4.86	4.72	4.60	4.43	4.25	4.06	3.96	3.86	3.76	3.66	3.55	3.44
15	10.80	7.70	6.48	5.80	5.37	5.07	4.85	4.67	4.54	4.42	4.25	4.07	3.88	3.79	3.69	3.58	3.48	3.37	3.26
16	10.58	7.51	6.30	5.64	5.21	4.91	4.69	4.52	4.38	4.27	4.10	3.92	3.73	3.64	3.54	3.44	3.33	3.22	3.11
17	10.38	7.35	6.16	5.50	5.07	4.78	4.56	4.39	4.25	4.14	3.97	3.79	3.61	3.51	3.41	3.31	3.21	3.10	2.98
18	10.22	7.21	6.03	5.37	4.96	4.66	4.44	4.28	4.14	4.03	3.86	3.68	3.50	3.40	3.30	3.20	3.10	2.99	2.87
19	10.07	7.09	5.92	5.27	4.85	4.56	4.34	4.18	4.04	3.93	3.76	3.59	3.40	3.31	3.21	3.11	3.00	2.89	2.78

续表

$\alpha=0.005$

n_1 $\backslash$ n_2	1	2	3	4	5	6	7	8	9	10	12	15	20	24	30	40	60	120	∞
20	9.94	6.99	5.82	5.17	4.76	4.47	4.26	4.09	3.96	3.85	3.68	3.50	3.32	3.22	3.12	3.02	2.92	2.81	2.69
21	9.83	6.89	5.73	5.09	4.68	4.39	4.18	4.01	3.88	3.77	3.60	3.43	3.24	3.15	3.05	2.95	2.84	2.73	2.61
22	9.73	6.81	5.65	5.02	4.61	4.32	4.11	3.94	3.81	3.70	3.54	3.36	3.18	3.08	2.98	2.88	2.77	2.66	2.55
23	9.63	6.73	5.58	4.95	4.54	4.26	4.05	3.88	3.75	3.64	3.47	3.30	3.12	3.02	2.92	2.82	2.71	2.60	2.48
24	9.55	6.66	5.52	4.89	4.49	4.20	3.99	3.83	3.69	3.59	3.42	3.25	3.06	2.97	2.87	2.77	2.66	2.55	2.43
25	9.48	6.60	5.46	4.84	4.43	4.15	3.94	3.78	3.64	3.54	3.37	3.20	3.01	2.92	2.82	2.72	2.61	2.50	2.38
26	9.41	6.54	5.41	4.79	4.38	4.10	3.89	3.73	3.60	3.49	3.33	3.15	2.97	2.87	2.77	2.67	2.56	2.45	2.33
27	9.34	6.49	5.36	4.74	4.34	4.06	3.85	3.69	3.56	3.45	3.28	3.11	2.93	2.83	2.73	2.63	2.52	2.41	2.29
28	9.28	6.44	5.32	4.70	4.30	4.02	3.81	3.65	3.52	3.41	3.25	3.07	2.89	2.79	2.69	2.59	2.48	2.37	2.25
29	9.23	6.40	5.28	4.66	4.26	3.98	3.77	3.61	3.48	3.38	3.21	3.04	2.86	2.76	2.66	2.56	2.45	2.33	2.21
30	9.18	6.35	5.24	4.62	4.23	3.95	3.74	3.58	3.45	3.34	3.18	3.01	2.82	2.73	2.63	2.52	2.42	2.30	2.18
40	8.83	6.07	4.98	4.37	3.99	3.71	3.51	3.35	3.22	3.12	2.95	2.78	2.60	2.50	2.40	2.30	2.18	2.06	1.93
60	8.49	5.79	4.73	4.14	3.76	3.49	3.29	3.13	3.01	2.90	2.74	2.57	2.39	2.29	2.19	2.08	1.96	1.83	1.69
120	8.18	5.54	4.50	3.92	3.55	3.28	3.09	2.93	2.81	2.71	2.54	2.37	2.19	2.09	1.98	1.87	1.75	1.61	1.43
∞	7.88	5.30	4.28	3.72	3.35	3.09	2.90	2.74	2.62	2.52	2.36	2.19	2.00	1.90	1.79	1.67	1.53	1.36	1.00